陕西省耕地生产效率与农业空间布局研究

SHANXISHENG GENGDI SHENGCHAN XIAOLÜ
YU NONGYE KONGJIAN BUJU YANJIU

杨朔 陈俊华◎著

中国财经出版传媒集团

经济科学出版社

Economic Science Press

图书在版编目（CIP）数据

陕西省耕地生产效率与农业空间布局研究／杨朔，
陈俊华著.—北京：经济科学出版社，2021.12
　ISBN 978－7－5218－3333－1

　Ⅰ.①陕…　Ⅱ.①杨…②陈…　Ⅲ.①耕作土壤－土
壤评价－陕西②农业布局－研究－陕西　Ⅳ.①S159.241
②F327.41

中国版本图书馆 CIP 数据核字（2021）第 260821 号

责任编辑：崔新艳　梁含依
责任校对：孙　晨
责任印制：范　艳

陕西省耕地生产效率与农业空间布局研究
杨　朔　陈俊华　著
经济科学出版社出版、发行　新华书店经销
社址：北京市海淀区阜成路甲 28 号　邮编：100142
经管中心电话：010－88191335　发行部电话：010－88191522
网址：www. esp. com. cn
电子邮箱：espcxy@126. com
天猫网店：经济科学出版社旗舰店
网址：http://jjkxcbs. tmall. com
北京季蜂印刷有限公司印装
710×1000　16 开　14.25 印张　230000 字
2022 年 5 月第 1 版　2022 年 5 月第 1 次印刷
ISBN 978－7－5218－3333－1　定价：65.00 元
（图书出现印装问题，本社负责调换．电话：010－88191510）
（版权所有　侵权必究　打击盗版　举报热线：010－88191661
QQ：2242791300　营销中心电话：010－88191537
电子邮箱：dbts@esp. com. cn）

本书为陕西省社科基金项目"高质量发展背景下陕西粮食绿色生产效率测度及提升路径研究"（立项号：2020D015）成果。

序

　　"万物土中生，有土斯有粮"，稳定和提高粮食综合生产能力，必须以一定数量和质量的耕地做保障。习近平总书记强调，耕地保护要求要非常明确，18亿亩耕地必须实至名归，农田就是农田，而且必须是良田。对耕地生产效率及区域农业空间布局的研究，可以为优化生产资源要素的合理配置，保护高质量耕地，实现农业生产中社会效益、经济效益、环境效益最大化目标以及提高农业质量效益和竞争力提供理论与实证依据。

　　陕西是我国的传统农区，尚未完成向现代农业的转型，在全国粮食生产省区具有较为典型的代表性。随着工业化、城镇化进程的进一步加快，人地矛盾日益尖锐，并且这种矛盾在短时间内难以逆转。有限的耕地资源不仅要维持粮食等农产品生产的需要，还面临着不断被城乡建设侵蚀的境况，耕地资源的短缺已成为制约农业高质量发展的重要因素。因此，保护有限的耕地资源，留住良田，提高耕地资源的生产效率，是实现区域农业高质量发展和向现代农业转型最为重要的内容与前提。

　　本书分析了陕西省农业农村发展及耕地利用等现实情况，围绕耕地保护与粮食安全等战略目标，全面测算了耕地生产效率，并提出陕西省农业产业布局、耕地保护及基本农田红线划定等建议，从多个维度全面分析了陕西省耕地开发、利用、治理、保护的科学规律以及生产实践和管理措施，研判并提出了陕西省耕地保护与粮食安全的战略和关键措施。

杨朔和陈俊华两位青年学者，坚持致力于耕地生产效率和国土空间优化利用的研究，研究获得的结论，尤其是基于技术效率对农业空间布局的建议等，对农业农村和自然资源等管理部门具有较好的决策参考价值。

相信他们会在这个有无限希望的领域持续探索，期待他们有更多更好的成果，为区域和国家耕地保护以及农业的高质量发展做出更大贡献。

西北农林科技大学副校长、教育部长江学者
赵敏娟　教授
2022 年 1 月 7 日于西北农林科技大学

前　言

乡村兴则国家兴，乡村衰则国家衰。要坚持人口资源环境相均衡、经济社会生态效益相统一，打造集约高效的生产空间，营造宜居适度的生活空间，保护山清水秀的生态空间，延续人和自然有机融合的乡村空间关系。耕地是土地资源的精华，更是人类赖以生存的基本资源和条件，人类有将近90%的食物来源于耕地的产出。因此，耕地的动态变化及其有效利用程度无疑是影响区域可持续发展与粮食安全的关键问题。耕地后备资源严重短缺的状况在短期内无法得到有效缓解，同时，随着工业化、城镇化进程加快，占用更多的耕地将不可避免，人地矛盾问题将愈发突出。如何最大限度地保护与合理利用现有耕地资源、提高耕地资源的生产效率，已经成为理论界和政府部门共同关注的热点之一。在这一背景下，对陕西省耕地生产效率进行研究具有重要的理论与现实意义。

本书以生产函数、效率和生产率等有关理论为指导，在对国内外相关研究进行总结与回顾的基础上，对陕西省耕地利用的现状及面临的主要问题进行了分析；采用数据包络分析方法和全要素生产率指数方法分别从空间和时间两个角度对陕西省耕地生产效率进行了测度和评价，找到了区域耕地生产效率的差异以及耕地生产效率的变化规律；运用 Tobit 回归模型对影响耕地生产效率的多种因素进行了深入分析，揭示各因素对耕地生产效率的影响方向及影响程度，并有针对性地提出了改善陕西省耕地生产效率的相关政策建议。通过对陕西省农业农村现代化空间布局和发展、优势农产品的分布、优质耕地的评价及分布、耕地保有量和基本农田保护任务的测算以及农村土地整治和美丽乡村建设等多个方面的研究，结合陕西省农业现代化、农村新业态、脱贫攻坚、移民搬迁以及新农村建设的要求，协调好耕地保护与农村开发建设的关系，提出农村发展空间优化布局的方案，研究制定出农村土地利用和农业用地空间管制的具体措施和要求。

本书得出五点主要结论。

（1）陕西省耕地资源利用现状堪忧。通过分析发现，陕西省耕地资源的利用状况总体上仍比较粗放，耕地的产出率较低。流失耕地中的大多数为城市边缘以及铁路、公路等交通沿线的优质资源，同时，省内各个区域之间在发展战略上存在着较大的差异，导致各地区耕地流失的速度有所不同，关中地区和陕北地区是省内耕地资源流失较为严重的地区。

（2）陕西省各市（区）之间耕地生产效率存在较大差异，耕地技术效率有效、高效的地区集中在传统的农业主产区或农业生产条件相对较好的地区，以及受国家各项优惠政策影响较大的地区。通过对各地区耕地技术效率、耕地纯技术效率和耕地规模效率的对比，采用数据包络分析方法（data envelopment analysis，DEA）分析可以发现，非有效地区耕地技术效率低下的主要原因是纯技术效率低下。在对陕西省耕地生产效率非 DEA 有效的 6 个市（区）进行投影分析后可以发现各个市（区）投入冗余与产出不足的具体情况，为下一步制定符合自身实际情况的投入规模提供了合理借鉴。

（3）陕西省耕地全要素生产率指数无论是从总体变化角度还是从地区差异角度进行比较，在时间上均存在着较大的差别。

首先，从总体上看，耕地全要素生产率增长整体较快，但增长幅度逐期递减。其次，从增长结构上看，耕地全要素生产率的增长相当程度上是由技术进步引起的，而非由技术效率的增长引起。再次，从耕地全要素生产率增长的区域差异角度来看，地区差异较为明显，而且地区全要素生产率的增长结构也不完全相同。最后，从收敛性角度进行分析，陕西省耕地全要素生产率不仅存在 σ 收敛，而且存在绝对 β 收敛和条件 β 收敛，各地区之间耕地全要素生产率水平随着时间的推移将逐渐趋于稳定。

（4）陕西省耕地生产效率同时受到多种因素的共同影响。对影响耕地生产效率的各种因素进行分析后发现，单位耕地面积农用机械动力、受灾面积占农作物播种面积比重以及财政支农支出占财政支出比重等3个变量对陕西省耕地技术效率的负向影响较为显著，有效灌溉率、农民人均纯收入以及人均国内生产总值等3个变量对陕西省耕地技术效率的正向影响较为显著。在对耕地规模效率的影响因素进行分析的过程中，得到的分析结果与对影响耕地技术效率的因素的分析结果基本一致。

（5）针对陕西省耕地质量不高、优等耕地流失量大等突出问题，建议从宏观上科学谋划耕地结构布局规划，微观上构建覆盖面广、多层次布局的质量监测网络，为耕地布局合理化、提升耕地质量等级和实行长期保护提供保障。要坚持做到四保护：一是优质耕地资源必须应保尽保；二是集中连片的耕地资源要保护；三是配套设施完备的耕地资源也要保护；四是经过中低产田改造、农业综合开发、土地整理等工程建设的农田必须纳入基本农田保护区实行永久保护，避免因各种投资产生大量浪费。

目　录

第1章 导　　论

1.1　研究背景

习近平总书记在党的十九大报告中明确提出实施乡村振兴战略，他指出："农业农村农民问题是关系国计民生的根本性问题，必须始终把解决好'三农'问题作为全党工作重中之重。要坚持农业农村优先发展，按照产业兴旺、生态宜居、乡风文明、治理有效、生活富裕的总要求，建立健全城乡融合发展体制机制和政策体系，加快推动农业农村现代化。"中共中央、国务院印发的《乡村振兴战略规划（2018～2022年）》指出乡村是具有自然、社会、经济特征的地域综合体，兼具生产、生活、生态、文化等多重功能，与城镇互促互进、共生共存，共同构成人类活动的主要空间。乡村兴则国家兴，乡村衰则国家衰。要坚持人口资源环境相均衡、经济社会生态效益相统一，打造集约高效的生产空间，营造宜居适度的生活空间，保护山清水秀的生态空间，延续人和自然有机融合的乡村空间关系。

土地问题是实施乡村振兴战略的关键问题。土地是人类生存、繁衍和发展的最基本条件，耕地是粮食生产的重要依托。中国土地的自然供给极其有限，全国可开垦的宜农荒地资源约3330万公顷，其中40%～50%为天然草地，主要适宜种植牧草；另有16%～20%分布在南方山丘地区，主要适宜发展木本粮油产业；其余大约1330万公顷如果全部开垦，仅可得净耕地800万公顷。我国是一个发展中的农业大国，人口多，人均耕地少，耕地后备资源不足，土地问题尤其是耕地问题始终是制约我国农业乃至整个国民经济发展的重要因素。

1.1.1 合理利用耕地、切实保护耕地是我国可持续发展的必然要求

2019 年度全国土地利用变更调查结果表明，截至 2019 年底，我国 31 个省份（不包括港澳台地区，全书同）耕地面积维持在 12786.67 万公顷，与 2017 年底相比净减少 7000 万公顷，建设用地净增加 129.26 万公顷，较上年呈下降趋势。《全国土地利用总体规划纲要（2016～2030 年)》指出，严格控制非农业建设占用耕地，加强对农业种植结构调整的引导，加大生产建设和自然灾害损毁耕地的复垦力度，适度开发耕地后备资源，划定永久基本农田并严格保护，2030 年全国耕地保有量不低于 18.25 亿亩，永久基本农田保护面积不低于 15.46 亿亩，保障粮食综合生产能力 5500 亿千克以上，确保谷物基本自给。

1.1.2 耕地资源短缺成为制约区域经济发展的重要因素

我国人口多、耕地资源稀缺的基本国情决定了保护耕地与保障经济建设存在矛盾。耕地是民族生存、经济发展的根基，主要承担着生产供给职能、社会保障职能与生态景观职能。地形、河流、气候等自然因素的限制和人口、经济、技术等社会因素的不平衡致使中国的耕地数量并不充足，存在粮食供给压力。然而耕地数量因建设占用、灾毁、生态退耕、农业结构调整等因素一直呈现减少趋势（邱敏等，2021）。

陕西省总面积 20.56 万平方千米，约占全国总面积的 2.1%。截至 2019 年末，陕西省耕地总面积 301.05 万公顷，按当年常住人口计算人均耕地面积为 1.16 亩。其中陕南地区耕地面积 59.465 万公顷，陕北地区耕地面积 119.603 万公顷，关中地区耕地面积 121.984 万公顷，占比分别是 19.75%、39.73% 和 40.52%。从发展趋势来看，人口与土地关系的总趋势是人口增加，耕地数量与人均占有量不断减少，土地质量退化，未来可供开发的后备耕地资源有限，人口与土地之间的矛盾日益尖锐，且在短时间内难以逆转。从陕西农户的角度来看，土地产出是农村家庭最为重要的

收入来源，提高耕地生产效率也是促进农民增收的重要手段之一。在这种情况下，最大限度地保护与合理利用现有耕地资源，对区域社会稳定与经济持续发展具有重要的现实意义。

1.1.3　提高耕地生产效率是保障粮食安全的重要途径

我国是发展中的农业大国，耕地占有量仅为全世界的10%，第七次全国人口普查主要数据结果公布全国人口共141178万人，占世界总人口的比例约为18.6%，十几亿人的粮食问题始终是头等大事。2019年我国政府发表《中国的粮食安全》白皮书，明确表示中国能够依靠自己的力量实现粮食基本自给，这是我国政府解决粮食安全问题的基本方针。该白皮书指出，民为国基，谷为民命。粮食事关国运民生，粮食安全是国家安全的重要基础。新中国成立后，中国始终把解决人民吃饭问题作为治国安邦的首要任务。70年来，在中国共产党领导下，经过艰苦奋斗和不懈努力，中国在农业基础薄弱、人民生活极端贫困的基础上，依靠自己的力量实现了粮食基本自给，不仅成功解决了近14亿人的吃饭问题，而且居民生活质量和营养水平显著提升，粮食安全取得了举世瞩目的巨大成就。党的十八大以来，以习近平同志为核心的党中央始终把粮食安全作为治国理政的头等大事，提出了"确保谷物基本自给、口粮绝对安全"的新粮食安全观，确立了以我为主、立足国内、确保产能、适度进口、科技支撑的国家粮食安全战略，走出了一条中国特色粮食安全之路。中国坚持立足国内，保障粮食基本自给的方针，实行严格的耕地保护制度，实施"藏粮于地、藏粮于技"战略，持续推进农业供给侧结构性改革和体制机制创新，粮食生产能力不断增强，粮食流通现代化水平明显提升，粮食供给结构不断优化，粮食产业经济稳步发展，更高层次、更高质量、更有效率、更可持续的粮食安全保障体系逐步建立，国家粮食安全保障更加有力，中国特色粮食安全之路越走越稳健、越走越宽广。粮食安全是世界和平与发展的重要保障，是构建人类命运共同体的重要基础，关系人类永续发展和前途命运。作为世界上最大的发展中国家和负责任大国，中国始终是维护世界粮食安全的积极力量。中国积极参与世界粮食安全治理，加强国际交流与合作，坚定维护多边贸易体系，落实联合国2030年可持续发展议程，为维护世界粮食安全、促进共同发展做出了积极贡献。

1.1.4 合理规划土地资源是乡村振兴的重要依据

按照习近平总书记 2013 年在中央城镇化工作会议提出的"望得见山、看得见水、记得住乡愁"的要求,以国土空间规划为依据,坚持最严格的耕地保护制度和最严格的节约集约用地制度,统筹布局农村生产、生活、生态空间;统筹考虑村庄建设、产业发展、基础设施、生态保护等相关规划的用地需求,合理安排农村经济发展、耕地保护、村庄建设、环境整治、生态保护、文化传承、基础设施建设与社会事业发展等各项用地;落实国土空间规划确定的基本农田保护任务,明确永久基本农田保护面积、具体地块;加强对农村建设用地规模、布局和时序的管控,优先保障农村公益性设施用地、宅基地,合理控制集体经营性建设用地,提升农村土地资源节约集约利用水平;科学指导农村土地整治和高标准农田建设,遵循"山水林田湖草是生命共同体"的重要理念,整体推进相关资源的整治,发挥综合效益;强化对自然保护区、人文历史景观、地质遗迹、水源涵养地等的保护,加强生态环境的修复和治理,促进人与自然和谐发展。

近年来,我国粮食生产发展和供需形势呈现出较好局面,为改革发展奠定了重要基础。但是必须清醒地看到,农业仍然是国民经济的薄弱环节,随着工业化和城镇化的推进,我国粮食安全形势仍不容乐观。

保护耕地是维持人民物质生活水平的基础,是实施国家粮食安全战略的重要保障。《陕西省林业厅关于我省退耕还林十周年工作总结的报告》中指出,陕西省从 1999 年到 2008 年累计完成退耕还林计划任务约 230 万公顷(其中退耕还林 101.92 万公顷,荒山造林 119.38 万公顷,封山育林8.67 万公顷)。2008 ~ 2020 年,陕西省累计完成国家下达的巩固退耕还林成果补植补造任务 273.73 万公顷;完成巩固退耕还林成果后续产业林业项目 437 个,涉及核桃、板栗、花椒、柿子、红枣、茶叶等名特优经济林种。耕地面积的不断减少与人口的持续增长之间存在着巨大的矛盾,如何促使粮食产量在耕地资源减少的情况下不断提高,维持区域粮食安全已经成为陕西省必须面对的重要问题。耕地是粮食等农产品生产的基础,因此,在当前耕地数量有限并且仍在不断减少的现实情况下,有效提高现有耕地资源的生产效率已经成为保障地区乃至国家粮食安全的重要途径。

1.2　研究目的和意义

1.2.1　研究目的

本书旨在探求陕西省耕地利用的现状，需要采用何种指标来衡量耕地生产效率，陕西省耕地生产效率所处的水平，陕西省耕地生产效率在区域上的差异以及在一个较长的时间段内耕地生产效率又是如何变化的。具体的研究目的主要有四点。

（1）在相关理论研究的基础上，构建与研究区域实际相适应的评价指标体系，通过对比"七五"至"十二五"时期陕西省、省内各地区以及国内其他省份的耕地利用状况，采用数据包络分析方法（data envelopment analysis，DEA）对上述区域的耕地生产效率（耕地技术效率、耕地纯技术效率和耕地规模效率）进行全面系统的测度与评价，根据测算结果找到区域耕地生产效率差异以及变化的规律。

（2）通过采用全要素生产率方法（total factor productivity，TFP），从时间角度对陕西省耕地生产效率的变化情况进行分析，进而从时间和空间两个角度对区域耕地生产效率进行更加全面、细致的分析，找到耕地生产效率变化的规律。

（3）对影响耕地生产效率的相关因素进行系统分析。在对研究区域耕地生产效率系统评价的基础上，运用 Tobit 模型对影响耕地生产效率的因素做进一步探索，揭示各个因素是如何影响耕地生产效率的，从而有针对性地提出改善区域耕地生产效率的相关政策建议。

（4）通过对陕西省农业农村现代化空间布局和发展、优势农产品的分布、优质耕地的评价及分布、耕地保有量和基本农田保护任务的测算以及农村土地整治和美丽乡村建设等多个方面的研究，提出农业主产区、优势农业产业基地以及优质耕地分布的全省农业布局方案，结合全省农业现代化、农村新业态、脱贫攻坚、移民搬迁以及美丽乡村建设的要求，协调好耕地保护与农村开发建设的关系，提出农村发展空间优化布局的方案，研究制定出农村土地利用和农业用地空间管制的具体措施和要求。

1.2.2 研究意义

当前，我国正处于工业化、城镇化快速发展的时期，人地矛盾问题加剧，耕地资源利用问题备受关注，本书的理论价值和实践价值如下。

1. 理论价值

（1）本书将农业生产过程中最重要的元素——耕地作为生产函数的主要投入变量，建立了耕地生产效率的评价指标体系，将相对效率的评价方法引入农业生产函数的研究领域中。

（2）引入 Tobit 模型系统考察了农村劳动力投入、耕作条件、自然条件、经济发展特征、财政支农以及相关政策等因素对耕地生产效率的影响，探讨了影响耕地生产效率的多种因素的影响方向及程度，以期为改善陕西省耕地生产效率提供理论依据。

2. 实践价值

（1）耕地生产效率研究是提高区域耕地产出的有效手段。随着人口的持续增长以及生态退耕速度的逐步加快，耕地资源总量进一步减少，现有耕地资源将面临更大的压力。因此，通过对现有耕地资源生产效率的有效评价，可以全面了解区域耕地资源利用状况，发现并总结目前耕地资源利用过程中存在的主要问题及原因，对提高区域耕地生产效率具有重要的指导意义。

（2）通过对耕地生产效率进行研究，为进一步研究区域耕地利用总体变化趋势及区域耕地利用差异变化提供了新的渠道，为提高区域耕地生产效率、合理利用耕地提供了相关政策建议，对促进区域耕地可持续发展具有重要的现实意义。

（3）耕地生产效率研究为确定耕地质量等级以及耕地的合理价格提供了重要依据。随着社会经济的发展，耕地流转已经成为农业与农村社会发展中的必然趋势，但目前耕地质量等级以及相应的价格在评估过程中缺乏统一的标准，阻碍了耕地的合理流转与有效利用。通过对耕地生产效率进行评价，对今后确定耕地质量等级与价格、合理利用耕地、提高耕地生产效率、促进耕地流转具有重要的现实意义。

（4）以主体功能区规划和优势农产品布局为依托，提出农业现代化发展格局，提出农业主产区和优势农业产业基地布局，促进主要农产品向优势区域集中，促进农村发展、农民增收。同时，为农业用地空间布局提供科学依据，以达到产业兴旺、生态宜居、乡风文明、治理有效、生活富裕的总要求，为顺利完成陕西省国土空间规划编制提供有力支撑。

1.3　国内外研究动态综述

1.3.1　国外研究综述

1. 关于生产率的研究

关于生产率的研究最早起源于法国重农主义学派的创始人和重要的代表弗朗斯瓦·魁奈（Francois Quesnay），他于 1766 年首次规范地提出了生产率的概念。但由于重农主义的思想，他把劳动仅仅局限于农业生产领域，认为只有农业劳动才是生产劳动，因而形成了仅限于农业生产领域的狭隘生产率概念。现代西方经济学的鼻祖亚当·斯密（Adam Smith，1776）在《国富论》一书中否定了重农主义学派对土地的重视，他认为劳动才是最重要的，通过劳动分工将能够大幅提升生产率。

在随后的几十年时间里，生产变成了政治经济学的主要论题之一。詹姆斯·穆勒（James Mill）在 1821 年出版了《政治经济学原理》一书。同年，罗伯特·托伦斯（Robert Torrens）发表了《论财富的生产》。后来，马克思主义生产率理论继承了古典主义生产率理论的观点，发展形成了建立在劳动价值论基础上的劳动生产率理论。

作为法国资产阶级庸俗经济学的创始人，让·巴蒂斯特·萨伊（Jean-Baptiste Say，1829）宣称，商品的效用、商品的价值是由劳动、资本、土地这三个要素共同创造的，并由在创造效用中各自提供的"生产性服务"决定。在生产三要素理论的基础上，萨伊制定了分配理论。在他看来，生产三要素既然都创造价值，都是价值的源泉，那么各个要素的所有者就应该分别依据这些要素各自提供的生产性服务来取得各自的收入，即劳动的所有者得到工资，资本的所有者得到利息，土地的所有者得到地租。19世纪末，美国经济学家约翰·贝茨·克拉克（John Bates Clark，1886）在生产要素理论和边际效用理论的基础上，同时结合生产率递减规律，提出了边际生产率理论来阐释分配问题。他指出，在其他生产要素数量不变的情况下，任何一种要素每增加一单位所带来的产品增加量将是递减的，最后增加的一单位生产要素的生产率最低，被称为边际生产率，由它来决定各种生产要素所获得的报酬。新古典综合学派的创始人阿尔弗雷德·马歇尔（Alfred Marshall，1890）从均衡价格理论出发，把提供生产要素视为提供商品，把提供生产要素而获得的"报酬"也视为一种让渡价格；而作为一种价格，既取决于边际生产率等需求方面的因素，同时也取决于供给方面的因素。

美国数学家柯布（Cobb，1928）和经济学家保罗·道格拉斯（Paul H. Douglas，1928）在共同探讨投入和产出的关系时创造了生产函数理论，开创了生产率在经济增长中作用的定量研究。荷兰经济学家丁伯根（Tinbergen）于1942年将时间因素纳入柯布－道格拉斯生产函数，他认为影响产出量的技术水平是随时间变化的，并且首次提出了全要素生产率的概念，但仅包括了资本和劳动，并没有考虑到其他要素的投入。乔治·斯蒂格勒（George Joseph Stigler）于1947年提出了全要素生产率问题，通过资本和劳动的加权值来计算实际要素投入，进而测算全要素生产率。1954年，被称为"全要素生产率"鼻祖的戴维斯（Lance E. Davis）在《生产率核算》一书中明确指出了全要素生产率的内涵，并认为劳动力、资本、原材料、能源等均应作为投入要素。1957年，罗伯特·默顿·索洛（Robert Merton Solow）在其发表的文章里首次将技术进步引入生产函数之中，并分离出技术进步对经济增长的影响，推出了索洛增长方程式，将全要素生产率表示成产出增长率与各要素投入增长率的加权差，并将这一差值取名为"索洛增长余值"，这一差值即是全要素生产率的增长率。肯德里克（Kendrick）在1961年出版了《美国生产率趋势》一书，书中利用总投入要素生产率理论的方法分析发现，国民收入的增长和投入量的增长与生产率提高有关，并就两者对经济增长的贡献进行了分析。1962年，爱德华·富尔顿·丹尼森（Edward Fulton Denison）在索洛增长余值的基础上进行了更细致的划分，并分解了资本与劳动的投入数量。

在生产率测算理论方法与实践探讨方面，学者对全要素生产率的测度方法进行了拓展研究，并对发展中国家的全要素生产率积累与经济增长、农业、数字经济等领域进行了具体测算分析。有的研究者提出了一种全要素生产率变化的新分解方法，并讨论了这种新分解的各个技术细节（Balk，2020）。结合国际金融危机情境，有的学者研究了 1996 ~ 2016 年全球金融危机时期中欧和东欧 11 个欧盟国家的全要素生产率增长情况（Levenko et al.，2019），发现在全球金融危机期间，各国的全要素生产率和资本增长的贡献显著不同，反映了危机的多种多样。危机过后，在所有样本国家中，全要素生产率增长贡献微不足道，产出增长总体上较弱。由于在小型和微型企业中，资本和劳动力投入随时间频繁变化，很难直接观察到。

2. 关于生产效率测算方法的研究

法雷尔（Farrell）在 1957 年提出了分段线性凸包的前沿估计方法，并且将效率分为技术效率（technical efficiency）和配置效率（allocative efficiency）两个部分，认为通过这两种效率即可测定总体经济效率（total economic efficiency）（Coelli et al.，1998）。

关于效率评价的问题，在 1957 年法雷尔首次提出采用生产前沿面（production frontier）对效率进行评价之后的 20 年里，只有为数不多的学者对该方法进行了相关研究。博尔斯（Boles，1966），谢泼德（Shephard，1972）以及阿弗里阿特（Afriat，1972）建议用数学规划方法解决这个问题，但他们提出的方法直到 1978 年有学者首次提出数据包络分析术语之后才得到广泛的重视（Charnes et al.，1978）。相对于参数方法，数据包络分析方法无须预先设定生产函数的形式，也不需要估计函数的参数。因此，对于土地利用效率的测算，生产函数和数据包络分析方法都是常用的方法。从 1978 年开始，研究者发表了大量的拓展以及应用数据包络分析方法的论文。

在相关研究中，生产效率的测算方法可以分为参数法与非参数法，参数法包括随机前沿分析法（SFA）、自由分布法（DFA）和厚边界方法（TFA）；非参数法包括数据包络分析方法（DEA）和自由可置壳法（FDH）。

应用 SFA 方法测定具体生产效率的过程中，必须对生产函数的形式做出假定，但所设定的生产函数的合理性常常受到挑战（王云等，2014）。数据包络分析方法（DEA）由于不考虑投入变量和产出变量的单位且便于处理多输入、多输出的生产过程而得到广泛的应用（Cook & Seiford，2009；Du et al.，2012；Lamb & Tee，2012；Cooper et al.，2014；Cook et al.，2014；Hirofumi et al.，2014）。

1.3.2 国内研究综述

1. 关于农业资源利用效率研究

农业资源利用效率研究是指根据农业生产的过程、特点及发展目标，选取一定的评价指标，通过适宜的指标量化和集成，定量分析农业生产状况及其可持续程度，是衡量资源是否达到合理利用的评判标准。

1987 年，挪威首相格罗·哈莱姆·布伦特兰（Gro Harlem Brundtland）在世界环境与发展委员会会议上主持的报告——《我们共同的未来》中第一次明确提出了可持续发展的理念，即发展必须是既满足当代人的需要，又不对后代人满足其需要的能力构成危害的发展。1991 年 4 月，联合国粮食及农业组织（Food and Agriculture Organization of the United Nations，FAO）在荷兰登博斯召开了"农业与环境"国际会议，会议通过了《登博斯宣言》，提出了"可持续农业与农村发展"（sustainable agriculture and rural development）作为全球性统一概念，并做出了以下定义：可持续农业是一种采取某种使用和维护自然资源基础的方式，是实行技术变革以确保当代人及后代人对农产品需求不断被满足且能保护资源、环境，推行技术上适当、经济上可行、社会上能够接受的包括农、林、渔业的广义农业发展模式（杨友孝，2002）。1992 年 6 月，联合国在巴西里约热内卢召开的环境与发展大会上签署了《21 世纪议程》等文件，否定了工业革命以来那种"高生产、高消费、高污染"的传统发展模式及"先污染、后治理"的工业现代化之路，主张要为保护地球生态环境、实现可持续发展建立"新的全球伙伴关系"。2002 年，在约翰内斯堡召开的可持续发展世界首脑会议指出经济发展、社会进步和环境保护共同构成可持续发展的三大支柱。

发展可持续农业是全球的一项共识，而集约高效利用农业资源则是实现农业可持续发展的重要途径。在农业资源利用过程中，既要维持或不断提高资源利用的潜力，降低农业生产风险，又要保持农业生产环境的趋良性，促进经济和社会的健康发展。在判定农业自然资源利用效率时，不能仅以农产品产出状况为依据，判别"高效"利用的第一位标准是农业自然资源的开发利用必须是可持续的（谢高地等，2002）。所以，有学者认为必须从更大范围来界定农业资源高效利用。衡量农业资源利用高效与否的标准应该包括以下几个方面：节约利用资源，资源利用率高；有效利用资源，资源产出率高；投入少产出多，经济效益高；不造成资源退化、枯竭，可持续利用资源；不污染环境，保持高质量的农业生态环境（封志明等，2002）。由此可见，持续农业对农业资源高效利用提出了现实要求，而农业资源高效利用正是农业持续发展的重要前提和根本保证（靳京等，2005）。

国内学者在农业生产效率的研究方面相对落后，但随着农业发挥着越来越重要的作用，诸多学者更加注重农业生产效率的研究，并对此做了大量的实证研究来促进农业生产与发展。

谢高地等（2002）提出，提高农业自然和经济社会资源利用效率是资源持续利用思想在农业生产中的具体化和实践。在判定农业资源利用效率时，国内有些学者认为，不能仅以农产品产出状况为依据，判别是否"高效"利用的第一标准应当为农业自然资源的开发利用必须是可持续的。因此，虽然农业资源利用效率属于在同等条件下，尽量少投入资源获得同样多产出或投入同样资源获得更高产出的资源高效利用定义范畴，但还需要从更大范围对其加以界定，从农业生产中资源利用的资源效益、社会效益、经济效益、生态环境效益和代际效益五位一体的角度进行考察。基于我国经济社会发展的客观需求与资源限制间的矛盾以及农业资源利用现状、存在问题等基本国情，国内学者认为农业资源利用效率高的具体表现应该是资源利用率高、产出率高、经济效益好、农业生产环境不退化和可持续等，并且认为在资源利用的不同时期，由于具体研究目标和侧重点的不同，各项标准的重要程度因时而异，它们的评价次序也将有所差别（刘新卫，2007）。

靳京等（2005）综述了国内外农业资源利用效率的评价方法，主要有比值分析法、生产函数法、数据包络分析方法、能量效率分析的评价方法、因子－能量评价方法、能值评价方法以及指标体系评价方法等。无论采用何种评价方法都应该具有资源利用现状功能描述、结果功能评价和未来发展的预警导向功能，从而为农业发展方向的政策制定、农业土地利用规划和适宜开发战略选择提供重要的依据。只有采用科学的研究方法对农业资源利用方式做出准确评价，才能合理、高效地利用土地资源，保护耕地，进而保障整个社会经济的可持续发展。

在省域范围，学者们主要针对省份及年份等多方面的农业生产效率进行分析。方鸿（2010）主要测算了1988～2005年中国各省份的农业生产技术效率，结果表明大部分地区都出现了农业生产效率不高的情况，农村劳动力受教育程度需要提高，但提高受教育程度对地区农业生产技术效率的影响没有强化农业科学技术的力量大。王兵等（2011）同时从 SBM 方向性距离和 Luenberger 生产率指标两方面测度了中国31个省份1995～2008年的农业效率和农业全指标生产率，测度结果表明，农业无效率的主要原因是产出效率低，提高农业劳动力教育水平对农业效率和全指标生产率的提高有重要推动作用。中国农业全指标生产率的增长主要依靠机械化提高。沈晓梅等（2021）基于方向距离函数构建了包含面源污染非期望产出的农业绿色水资源利用效率评价模型，并对2003～2018年我国31个省份效率结果的时空特征和驱动贡献进行测算。在此基础上，使用固定效应模型实证检验了我国农业绿色水资源利用效率的影响因素。研究认为，应通过同步扩大技术进步和技术效率贡献、协调使用市场机制和运用政府调控手段来实现农业绿色水资源高效利用。

在市域范围方面，闫淑霞等（2015）利用灰色 DEA 模型测算分析了2008～2013年河南省18市农业生产效率，结果表明，在测度农业生产效率时，为了得到合理准确的测算结果，应剔除冲击扰动影响因素对农业生产效率的影响，同时在测算分析中找到农业生产效率相对较低的因素，并提出优化资源配置、提高农业生产效率的政策性建议。陆泉志等（2018）基于2007～2016年广西壮族自治区的面板数据，运用 Global 超效率 DEA 模型和基于全要素思想的水资源利用效率测度方法对广西农业水资源利用效率进行测算，并运用 Tobit 模型探究农业水资源利用效率的影响因素。结合广西农业发展的现实背景分析发现，农民节水意识不强、季节性与工程性缺水、农业经济发展水平较低、粗放式灌溉都是造成农业水资源利用效率不高的原因。赵良仕等（2020）利用 DEA-Tobit 模型测算了 2005 ~ 2017 年辽宁省的全要素水资源绿色效率，并在此基础上探究了节水减排潜力与全要素水资源绿色效率的提升路径。

随着学者们对我国农业生产效率研究的不断深入，县域方面的研究也逐渐增多。郭亚军、张晓红（2011）选取 1998 年、2003 年和 2008 年三个时间点河北省 136 个县（市）的农业生产投入和产出类指标来分析农业生产效率的变化，结果显示河北省各县（市）农业综合技术效率、纯技术效率和规模效率平均值在研究时期内均呈下降趋势，同时针对 DEA 分析无效的县（市）农业生产投入冗余的严重情况提出了改进方法。刘子飞、王昌海（2015）以有机农业发展的典型——陕西省洋县为例，与周边县区的农业生产效率进行对比时运用了三阶段 DEA 模型，模型分析结果表明提高农业生产效率主要依靠纯技术效率的改进。洋县应着重提高绿色农业管理技术水平来缩短与周围农业生产效率的差异。罗晓玲等（2021）运用 PSM 模型，以实地调研数据研究阿瓦提县农村土地流转对劳动力资源利用效率的影响，提出创新承包地流转政策的宣传方式，加大对承包地流转政策的宣传，同时拓宽非农就业渠道，提高非农就业收入并加大对农机补贴的力度。

2. 关于土地生产效率评价的研究

俞勇军等（2002）首次利用主成分分析法研究江阴市耕地减少的驱动因素。在此基础上，根据因子分析法的主因子载荷系数的含义，对江阴市耕地利用效率进行了估算。从耕地变化的驱动因素可以看出，江阴市在改革开放初期依靠牺牲耕地来推进城镇化和工业化导致目前耕地短缺的形势严峻，成为必须及时解决的问题。

罗罡辉等（2003）探讨了城市用地效率内涵及其评价指标，通过城市间的对比，分析了我国城市用地效率现状和存在的主要问题，并且通过构建模型来评价城市用地效率，为我国城市土地集约利用和可持续发展提供了一定的参考。

方先知（2004）认为建立科学的土地利用效率指标体系是客观评价土地利用效率的基础。他针对不同类型土地利用的特点及利用效率提出了测度土地利用效率的多元指标体系及评价方法。该指标体系重在考虑土地的可转化性，通过对指标评价方法的进一步探讨，以期满足不同评价标准的要求。

王筱明等（2005）应用数据包络分析方法的 CCR 模型对山东省 17 个城市的土地利用效率进行了有效性评价。研究结果表明，山东省 17 个城市的土地利用效率相差较大，由东向西土地利用的 DEA 有效值逐渐降低。通过分析进一步得出了中西部城市土地利用 DEA 有效性低的原因，并且根据各市的实际情况提出了提高用地效率的建议。

庞英等（2006）提出了耕地利用效率评价指标体系，他们采用主成分分析、聚类分析和相关分析等方法，以山东省为例，研究了区域耕地利用效益的时空差异和特征。研究结果表明，耕地资源利用效益存在着巨大的时空差异，森林覆盖率、人均粮食产量、人力资本水平等 8 项指标是决定耕地利用综合效益的主要因素。

叶涛等（2007）通过回顾 1980 年以来深圳经济特区的土地政策改革过程，分析了中国城市土地政策改革对经济与社会发展产生的一系列影响。首先从土地产权制度和地租、地价体系两个方面回顾了深圳经济特区土地政策改革的过程，在此基础上采用工具变量法对政策变化进行量化，并将其与土地利用效率与经济效益进行相关分析，从而得出土地政策影响土地利用效率与经济效益的程度。研究结果表明，土地政策变化对土地利用效率与经济效益的影响是显著的，相关系数分别为 0.743 和 0.879，这一结果也从侧面说明了中国土地管理体制改革为经济与社会发展带来积极的推动效应。

梁流涛等（2008）运用数据包络分析方法测度了 1997～2004 年我国各地区的耕地利用效率。他们认为 DEA 方法可以使用多项投入和多项产出指标，弥补了之前对耕地利用效率测度只考虑单项投入和单项产出指标的不足，同时将耕地利用效率分解为纯技术效率和规模效率进行深化研究，最后采用计量经济模型分析影响耕地利用效率变化的因素。研究结果表明，1997～2004 年我国耕地利用效率存在一定波动，平均综合技术效率为 0.732，耕地利用效率整体不高。从综合技术效率的构成来看，综合技术效率的变化趋势和纯技术效率基本一致，这一结果表明耕地利用效率的变化主要由纯技术效率的变化引起，同时各个行政区之间的耕地利用效率也存在着很大的差异。研究发现影响耕地利用效率的因素很多，按照影响程度从大到小依次是耕地资源禀赋、经济发展水平、自然条件和农业生产条件。

傅利平等（2008）运用数据包络分析方法对我国 33 个国家级开发区土地利用效率进行了评价，定量分析了各开发区在土地利用过程中对土地开发面积的管理、资金投入、人力资源配置等方面的差距，对土地利用率相对较高的开发区进行初步分析，并从土地投入、产出两个方面对土地利用效率相对较低的开发区进行了详细分析，研究有利于管理者有针对性地增加或减少投入，提高土地利用效率，从而获得更大的经济产出，为今后合理利用土地资源提供借鉴。

龙开胜等（2008）以 1990～2005 年江苏省耕地和工业用地数据为基础，运用 C–D 生产函数和概率优势模型，对比分析了不同利用类型土地的投入产出效率关系。研究结果表明，在资本和技术投入既定的条件下，不同利用类型土地的投入产出效率存在着明显差异，耕地数量每增长 1%，耕地产出增长 0.297%；工业用地数量每增长 1%，工业用地产出增长 0.392%。但土地产出效率的差异，主要由单位土地上资本投入以及技术进步的差异引起，并且某一利用类型土地产出效率的优势也只是一定条件下的比较优势，这就意味着工业用地产出的增长并不能单纯以耕地减少为代价。因此，保持不同类型土地数量的平衡，以资本和技术投入代替土地资源的数量投入，才能有利于促进土地资源的可持续利用。

刘涛等（2008）选取了耕地复种指数和土地综合产出率两个指标来衡量农户土地利用效率，利用江苏省南京市 274 个农户的实地调查数据，运用多元线性回归模型对土地细碎化、农地流转对农户土地利用效率的影响进行了实证研究。研究结果表明，土地细碎化导致农户复种指数的下降，并且阻碍了平均土地综合产出率的提高。转出土地的农户的复种指数和平均土地综合产出率要低于没有转出土地的农户，而转入土地农户的平均土地综合产出率要高于没有转入土地的农户。因此，他们建议可以通过推进土地流转的方式来提高土地利用效率。

周晓林等（2009）运用数据包络分析中的 CCR 模型和 BCC 模型对

我国"七五"到"十五"期间区域农地的生产效率差异进行了比较研究。研究结果表明，传统农业大省和经济发达地区的农地综合生产效率和技术效率较高，农业生产具有优势。同时，规模收益值的计算结果显示，我国东中部地区农业生产的投入结构存在问题，西部地区投入不足，且从时间序列的比较分析中发现，"十五"期间各地区的农地生产效率都呈下降趋势，表明工业化和城市化对中国农业生产存在较大影响。

刘勇（2010）以江苏省为例，研究土地利用程度对区域生态效率的影响机制，提出合理利用土地、提高区域生态效率的政策建议，并基于江苏1990～2007年的数据建立方程进行回归分析。研究结果表明，合理进行土地利用能够确保土地生态系统持续提供各类生态产品和服务，进而提高区域生态效率，反之，土地的粗放式利用则会使土地利用类型比例失衡，再加上缺乏维系土地生态系统可持续性的措施，会导致土地生态系统服务功能的减弱，最终影响区域生态效率。

朱巧娴等（2015）运用湖北省16个城市2000年、2005年、2010年和2012年的土地利用结构数据综合考虑城市用地的经济产出和环境产出，采用含有非期望产出的DEA模型测算并分析各城市的土地利用结构效率的空间差异及演变规律，并提出改进方案。结果表明，湖北省各城市土地利用结构效率整体水平较高，各城市的效率值大体呈现出先上升后下降再提升的趋势；土地利用结构效率的空间分异格局由2000年以武汉市为最高值向周边城市递减的单一中心格局逐步演变为2012年的鄂东南和鄂西部的双中心格局；武汉周边城市土地利用结构效率偏低，且具有较大的减碳提效空间；湖北省大部分城市建设用地冗余，第二产业、第三产业产值不足，净碳排放量过高。以上问题制约着土地利用结构效率的提升，省会城市、城市圈城市、鄂西圈城市的理想土地利用结构具有明显的差异性。

钟成林等（2016）基于2013年中国280个城市的相关数据综合采用SE-DEA模型和空间误差模型，实证分析了不同农地发展权配置方式对城市建设用地利用效率的影响。研究结果表明，中国各城市的建设用地利用效率存在着显著的空间溢出效应，但不同农地发展权配置方式的空间作用效应存在显著差异。

何好俊等（2017）利用非径向方向距离函数（NDDF）和面板向量自回归模型（PVAR）揭示城市产业结构变迁与土地利用效率的交互影响，为新常态下产业转型与土地利用管理改革提供政策依据。研究得出产业结构合理化、产业结构高级化和土地利用效率改进存在动态依赖性，产业结构合理化是产业结构实现高级化的重要基础。产业结构合理化与土地利用效率表现为互惠互利的"双赢"效应。土地利用效率提升对产业结构实现合理化和高级化均存在"倒逼效应"，但当前阶段仅产业结构合理化的效应显著。

卢新海等（2018）为分析产业一体化与城市土地利用效率间的耦合交互关系，从空间效应视角探寻两者协调发展的路径。研究结果表明，产业一体化与城市土地效率间存在彼此影响、相互约束的耦合协调关系；2003～2015 年长江中游城市群各城市产业一体化与城市土地利用效率的耦合协调度呈现波动上升趋势，但局部差异显著；产业一体化与城市土地利用效率耦合效应的空间正相关性和空间集聚性逐步显化，这种相关性主要表现为空间依赖性和空间异质性。

王博等（2019）采用空间自相关、空间计量模型深入探讨地方政府工业用地出让互动干预对区域工业用地利用效率的影响。研究结果表明，中国各城市之间的政府土地出让干预存在显著的空间正相关性；无论是地理位置相邻还是经济发展水平相近的城市，彼此间的工业用地出让互动干预都会进一步降低区域的工业用地利用效率；从全国层面来看，相对于"经济意义"相邻的城市，"地理意义"相邻的城市政府工业用地出让互动干预对用地效率表现出更强烈的负向影响；从东、中、西部三大区域来看，政府工业用地出让互动干预对用地效率的负向影响呈现出自东向西越来越强的现实特征。

符海月等（2020）运用 PVAR 模型探索城镇化、产业结构调整与城市土地利用效率关系的作用机制及中国东、中、西部三个区域的差异。研究结果表明，产业结构合理化与城市土地利用效率具有稳定的正向关系且在城镇化减速阶段影响最大；城市土地利用效率随产业结构高级化呈倒"U"型趋势且在城镇化加速阶段出现负向影响；产业结构高级化对城镇化的响应具有正向效应，产业结构合理化、城市土地利用效率对城镇化的响应表现为东部为负，中、西部为正；城镇化有助于提高东部产业结构合理化与城市土地利用效率相互间的正向影响程度；而在中、西部有助于提高产业结构高级化对城市土地利用效率的正向影响程度。产业结构调整及制定城市土地利用政策应充分兼顾城镇化发展水平及区域特点，提高城镇化对区域产业结构调整及城市土地利用效率的促进作用。

于斌斌等（2020）采用杜宾模型和门槛回归方法分析并揭示产业结构调整与土地利用效率之间的影响及溢出效应。研究结果表明，产业结构调整的合理化、高度化和服务化对土地利用效率均具有明显的促进作用及溢出效应，且间接效应较直接效应更为显著；在引入城镇化的扩张效应、规模效应和迁移效应后，产业结构合理化、服务化和高度化分别呈现出倒"U"型、正"U"型和"梯度式"增强的特征；在推动土地集约利用的过程中，既要充分依据产业结构调整模式来加强土地规划的配套体系建设，又要注重区域之间的空间溢出。

宋洋等（2021）采用 DEA 模型、变异系数、探索性空间数据分析与 Tobit 模型探索京津冀城市群县域城市土地利用效率的时空格局与驱动因素。研究期内，京津冀城市群县域城市土地利用效率均值为 0.709，年均效率显著提升，整体效率差异程度有所收敛。不同省市、不同层级区县效率均值存在显著的时空分化，空间集聚态势显著增强，"核心 – 外围"现象持续凸显。受区县行政级别和社会经济发展基础的双重梯度差距影响，不同因素的作用机理存在明显的差异性。京津冀协同发展背景下，亟待严控县域城市用地低效这一现象的蔓延，促进产业形态和资源配置转型升级，打破行政级别壁垒，完善产业和功能的县际传导，深化城市群核心区域对外围区县的辐射带动作用。

廖柳文等（2021）以农户耕地利用效率为切入点，基于山东省平原区的寿光市和山区的沂源县农户调研数据，从农户家庭劳动力要素变动与农业生产决策视角对农户的耕地利用效率进行测算，构建结构方程模型来探讨农户耕地利用效率的驱动机制。研究表明，寿光市和沂源县耕地利用效率较低，并且存在地貌类型和农户类型上的差异，平原（寿光市）耕地利用效率要高于山区（沂源县），老年农户耕地利用效率低于年轻农户；在影响路径方面，农户耕地经营规模、生产要素投入和耕地产出直接影响耕地利用效率，而种植结构对耕地利用效率的影响不显著。

1.3.3 国内外研究动态述评

纵观国内外文献资料可以发现，国外理论界对生产效率评价体系构建、效率评价模型的创立与发展均有较为广泛和深入的研究，特别是创建了数据包络分析方法。自 1978 年首个 DEA 模型（CCR 模型）建立以来，DEA 方法已经广泛应用于效率与生产率研究的多个领域，目前已经成为管理科学和系统工程研究领域中一种重要并且有效的研究工具。国内学者在早期的研究过程中主要从定性研究的角度，通过可持续发展的研究视角来探讨农业资源利用效率的问题。随着计量经济学研究方法的广泛应用，国内学者在土地利用效率与土地生产效率等方面亦开展了广泛的研究，并且取得了一定的研究成果。

但现有研究中仍存在着一些不足，对区域土地，特别是耕地生产效率的研究主要存在以下问题：一是易将生产率、效益和效率三者概念混淆，导致分析结果与研究设想之间产生矛盾；二是对投入产出指标的选择存在分歧，尚未建立统一测算耕地生产效率的指标体系；三是耕地生产效率受到诸多因素的影响，目前相关研究文献中涉及影响效率的相关因素研究相对较少，仍有待探索。本书力图在国内外研究基础上，以陕西省为研究对象，对全省以及省内各个地区的耕地生产效率、效率的影响因素等进行系统研究，为有效提高区域耕地生产效率提供参考和借鉴。

1.4 研究思路与方法

1.4.1 研究思路

本书在借鉴国内外效率评价研究成果的基础上，以生产力经济学、计量经济学、统计学、发展经济学、产业经济学与制度经济学等学科为基础，利用数据包络分析、全要素生产率以及 Tobit 回归模型等研究方法，首先建立耕地生产效率评价指标体系，对陕西省耕地生产效率进行全面分析，其次对影响耕地生产效率的多种因素进行系统分析，最后，通过全面系统地研究分析为陕西省耕地生产效率的改善提供相关政策建议。本书研究思路见图1-1。

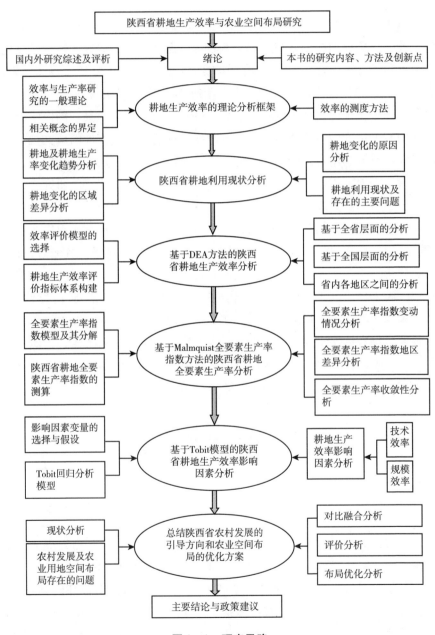

图1-1　研究思路

1.4.2　研究方法

1. 数据包络分析方法

数据包络分析运用线性规划（linear programming）方法构建观测数据的生产前沿面，然后根据前沿面计算决策单元（decision making unit，DMU）的相对效率。DEA 方法是一种非参数方法，与参数方法的不同之处在于对观测数据的处理方式。参数方法寻求产出与投入之间的函数关系，而非参数方法无须建立投入与产出之间的函数关系，这种方法不失观测数据的客观性优点。DEA 是将数学规划模型与经济有机结合，通过数学规划模型来比较决策单元之间的相对效率，从而对决策单元的相对有效性进行评价。本书运用 DEA 方法测算陕西省及省内各市（区）的耕地生产效率，并对陕西省耕地的 Malmquist 全要素生产率进行分析。

2. Tobit 回归分析

运用 DEA 方法并不能直接找到影响效率的因素，为了在应用 DEA 方法的同时了解系统效率的影响因素及其影响程度，有学者在 DEA 分析的基础上衍生出了两步法（two-stage method）（Coelli，1998）。该方法第一步采用 DEA 方法分析评估出决策单元的效率值，第二步以效率值作为因变量，以影响因素等作为自变量建立回归模型。由于通过 DEA 方法得出的效率指数介于 0 和 1 之间，所以回归方程的因变量就被限制在这个区间。如果直接采用最小二乘法，会给参数估计带来偏差，因此第二步采用 Tobit 回归分析。本书运用 Tobit 回归模型分析各种因素对陕西省耕地生产效率的影响程度。

3. 比较分析法

本书通过比较全国及陕西省各个时期耕地生产效率的变化趋势，对陕西省相对于全国其他省份的效率差异有所了解。通过对比不同时间及空间的差异，对陕西省耕地生产效率进行全面系统的评价。

4. 实地调查法

为了更好地掌握陕西省农村发展及农业用地布局的现状，通过实地调研、走访、座谈会等多种调查方法，深入自然资源、农业农村、水利等相关部门收集资料，同时，课题组通过野外实地踏勘的形式对差异较大的地区进行实地调研分析。

5. 专家咨询法

针对在研究中遇到的重点和难点问题，通过召集专家，采取会议形式的专家咨询法，集思广益，提高研究成果的准确性、权威性。

1.5 主要创新点

（1）陕西省各市（区）耕地生产效率存在较大差异，常年处于耕地技术效率有效或高效的主要是传统农业主产区、农业生产条件相对较好的地区以及受到国家各项优惠政策影响较大的地区。通过对各市（区）耕地技术效率、耕地纯技术效率和耕地规模效率的对比，发现导致 DEA 非有效地区耕地技术效率低下的主要原因是纯技术效率较低。因此，提高耕地生产效率的关键是提高耕地纯技术效率。

（2）陕西省耕地 Malmquist 全要素生产率增长整体较快，从结构上看主要来自技术进步的增长，而非技术效率的增长；从差异角度来看，全要素生产率增长的地区差异较为显著，而且地区全要素生产率的增长结构也不完全相同。各市（区）之间的收敛性较为明显，随着时间的推移，区域间耕地 Malmquist 全要素生产率将趋于稳定。

（3）本书在对陕西省耕地生产效率及其影响因素进行全面分析的基础上，基于陕西省耕地生产效率的变化规律，有针对性地提出加强耕地集约利用程度，发挥"精耕细作"生产模式的优势；加强农田水利建设，提高耕地有效灌溉率；建立健全农业防灾减灾体系，促进耕地产出持续增长；制定省内分区域有侧重的耕地利用策略等措施，以期为陕西省耕地生产效率的有效改善提供借鉴和参考。

第2章　相关概念与理论基础

对耕地生产效率的研究首先需要解决两个问题，一是如何定义效率，二是应该采用何种方法来测度效率。长久以来，学术界对效率的定义一直存在较大争议，截至目前仍旧没有一个明确的、被公认的定义。本章首先阐述效率的相关概念，之后阐述效率的相关测度方法，以期为本书进一步研究耕地生产效率打下良好的理论基础。

2.1　效率及其相关概念

2.1.1　效率的概念

效率（efficiency）一词最早出现在拉丁文中，指的是有效的因素。作为经济学中的核心概念，效率指在经济活动过程中将各种投入要素在何种程度上转化为产出的能力。

保罗·萨缪尔森（Paul A. Samuelson，1915）在其已经出版的第十八版《经济学》一书中写道：效率是指尽可能有效地利用该经济体的资源以满足人们的需要和愿望。20世纪初，意大利著名的经济学家维尔弗雷多·帕累托（Vilfredo Pareto，1848）在他的著作《政治经济学讲义》和《政治经济学教程》中对"效率"一词下了定义。截至目前，西方经济学界所广泛使用的"效率"的概念仍然是由维尔弗雷多·帕累托提出的。

我国的经济学家对效率的概念也提出了自己的观点。著名经济学家厉以宁在《经济学的伦理问题》中曾经提出，"效率是资源的有效使用与配置，一定的投入有较多的产出或一定的产出只需要较少的投入，意味着效率的增长"。樊纲在《公有制宏观经济理论大纲》一书中指出，"经济效率是社会利用现有资源进行生产所提供的效用满足程度，因此，也可以一般地称为资源利用效率，它是需要的满足程度与所费资源的对比关系，因而效率又是一个效用概念或社会福利概念"。

国内外的经济学家均从不同的角度对效率的概念做出了多种理解与阐释，随着效率概念应用范围的逐步扩大，其内涵也随着社会经济的不断发展而丰富起来，现如今效率已经成为经济学中用来考察资源配置的合理性、生产技术的先进性以及劳动力的生产积极性等经济指标运行情况的核心标志之一。

生产效率就是指在一定的技术、经济与社会条件下，经济资源利用过程中投入与产出之间的关系。这里的投入是指生产过程中所消耗的经济资源的成本与数量，产出指的是通过消耗一定数量的经济资源所能获得的收益或产量。如果生产者以最少的投入资源量获得了最大的产出量，就可以认为其实现了生产资源的有效配置，反之，就可以认为生产资源的配置是低效或无效的。

综上所述，生产效率是从已经抽象化的生产过程出发，具体反映的是经济资源的配置与利用状况，并且全面考虑了投入与产出之间的相互关系。另外，"帕累托最优"描述的是资源配置最为有效的理想状态，生产效率反映的是生产过程中投入与产出之间的对比关系，即相对于一定目标的资源的实际利用程度。这一含义不仅可以说明经济资源在实际生产利用过程中的具体情况，而且能够为衡量生产资源实际配置状态与理想状态之间的差距提供明确的边界，这样就能够更为真实地反映出有限的经济资源的生产利用过程。

本书的研究就是基于上述"生产效率"的概念，把耕地资源在农业生产领域中的具体利用过程抽象为将耕地视为主要生产要素之一的过程，根据投入与产出之间的联系，具体测算耕地资源生产配置的实际状态与理想状态之间的差距，并探讨差距存在的原因以及影响因素，从而找到能够有效缩小这种差距的措施。

2.1.2 现代经济理论关于效率的界定

现代意义上的效率研究始于 1957 年英国经济学家法雷尔在"帕累托最优"的基础上基于生产前沿面思想对效率进行的界定。法雷尔认为效率由技术效率和配置效率两个部分组成。

法雷尔从投入角度给出了技术效率的具体概念,他认为技术效率是指在既定的生产投入数量之下,实际的产出数量与理论上最大可能的产出数量之间的比值。在这之后,哈维·莱宾斯坦(Harvey Leibenstein,1922)又从产出的角度对技术效率进行了重新界定。技术效率理论发展到今天,各方学者对其内涵逐步形成了以下共识:技术效率是指在一定的技术装备和各种要素投入的条件下能够获得的最大产出能力,或者是在一定的产出水平之下能够实现的最小投入能力。

配置效率是指实际投入或产出与生产配置有效状态时的投入或产出的比率,即在给定技术和价格的条件下,实现投入产出最优组合的能力。一种经济活动既可以是技术效率高但配置效率低的,也可以是配置效率高但技术效率低的。

在实际研究的过程中,由于配置效率的前提假设条件很难被满足,且各种要素的价格也难以获得,因此在大多数情况下,学者们在对效率进行研究与测量时主要都是对技术效率进行测度与研究。基于这一研究思路,本书同样选择采用技术效率作为研究耕地生产效率的基础。

2.1.3 生产率的概念

生产率是指生产过程中产出与所需投入之间的比率。在西方经济学界,对生产率的定量研究始于 20 世纪 20 年代。在美国数学家柯布和经济学家保罗·道格拉斯提出了生产函数理论之后,生产率在经济增长中的作用被逐步量化和系统化。随着生产率研究体系的逐步完善,形成了目前我们采用的研究观点。

在具体研究过程中,根据生产率所度量的全面程度来划分,可以分为单要素生产率、多要素生产率和全要素生产率。总的产出除以单项要素,得到单要素生产率（single factor productivity）。例如，总的产出除以劳动的投入所得即为劳动生产率；若是总的产出与多种生产投入要素进行比较，则可以获得多要素生产率（multifactor productivity）；若是总的产出与总的投入之间进行比较所获得的生产率，称为全要素生产率（total factor productivity，TFP）。全要素生产率所反映的是生产效率与竞争能力的综合指标。

2.1.4 效率与生产率之间的关系

为了能够更加明确地区分效率与生产率之间的关系，通过图 2 - 1 来对其进行比较分析。如图 2 - 1 所示，$f(x)$ 表示生产前沿面，即在没有任何效率损失的情况之下，所能达到的产出最优的可能边界，X 轴代表投入的某一种要素，Y 轴代表得到的相应产出。如果要素的投入量为 X_1，则其对应生产前沿面上的点为 A，此时的产出水平为 Y_1。但由于生产过程中存在消耗及生产技术落后等原因，最后的实际产出只能够达到 B 点的位置，其对应的实际产出为 Y_2，此时要素的生产率为 Y_2/X_1。在测算效率的过程中，根据导向的不同可以分为基于产出导向和投入导向两种情况，如果基于产出导向，则最优的产出水平为 Y_1，但实际产出水平为 Y_2，产出方面的损失为 $AB = |Y_1 - Y_2|$，效率 $TE_1 = Y_2/Y_1 = CB/CA = (1 - BA/CA)$，即在投入水平不变的情况下，$B$ 点距离生产可能边界最优点 A 的距离与程度。如果从投入导向来进行分析，对产出水平 Y_2 在不存在效率损失的情况下，则需要的投入为 X_2，此时对应的生产前沿面上的点为 E，而实际投入则为 X_1，因此可以发现在生产过程中存在着要素投入过量的问题，浪费的资源为 $EB = |X_1 - X_2|$，这时的效率 $TE_2 = X_2/X_1 = FE/FB = (1 - EB/FB)$，即它衡量的是当产出不变时，$B$ 点距离生产可能边界上的最优点 E 的距离。

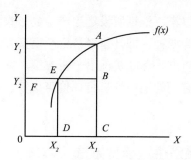

图 2 - 1　效率与生产率关系

资料来源：笔者自绘。

通过对图 2 - 1 的分析可以看到，效率与生产率是完全不同的两个概念，两者的差异见表 2 - 1。

表 2 - 1　　　　　　　　　　生产率与效率的差异比较

项目	生产率	效率
定义	生产过程中产出与投入之间的比率	投入资源有效利用的能力
表达式	单要素：总产出/单项投入要素 多要素：总产出/多种投入要素	投入法：最优投入/实际投入 产出法：实际产出/最优产出
值的范围	$[0, +\infty]$	$[0, 1]$
比较标准	不同经济体之间横向的比较，或者自身纵向的比较	等于 1 为有效率，小于 1 表示存在无效率
是否有量纲	有，根据选取 X、Y 的单位来决定	无量纲
优点	计算简单，适用于技术效率差异较大经济体（如行业）之间的比较	能够衡量投入要素有效利用的程度，更体现效率因素
缺点	没有考虑其他配合要素的影响，不能体现出技术效率的真实变化	计算较为复杂，基于投入法和产出法的效率值不相等

资料来源：笔者自制。

2.2　效率与生产率的测度方法

效率测度的方法以微观经济学为理论基础，是从对生产函数的研究开始的。很长一段时间以来，根据所设定生产函数形式的不同，大体上可以将效率的测度方法分为四种，即计量经济生产模型方法、全要素生产率指数方法、数据包络分析方法和随机前沿分析方法。本节主要对这四种方法进行简要介绍，并对它们的适用性进行评价与比较，从而选择适合于本书研究的相应方法。

2.2.1　计量经济生产模型方法

计量经济生产模型方法又可以称为总量生产函数（production function）方法。最早且最著名的生产函数方法是索洛余值法。1957 年诺贝尔经济学奖获得者、美国经济学家索洛在其研究中把产出看作资本与劳动要素投入之间的函数，并且通常采用 C–D 函数的形式来表示，他将产出增长扣除资本与劳动要素增长后未被解释的部分归结为技术进步的结果，后来这一"残差"被称为"索洛余值"，把 C–D 生产函数中的资本和劳动的指数和视为规模报酬指数。在这之后，美国经济学家戴尔·乔根森（Dale W. Jorgenson，1933）在前人研究的基础上对索洛余值法进行了改进，从数量和质量的角度对资本及劳动的投入进行全面考察，从而发展成为一般生产函数方法，这一方法可以有效地对生产率进行测量。

但是，计量经济生产模型方法只能获得平均的生产函数，并不能计算最优生产前沿面，同时在计算过程中需要事先设定好函数的具体形式，这一情况为研究带来了不便。

2.2.2　全要素生产率指数方法（TFP）

全要素生产率指数方法运用投入数量指数与产出数量指数之间的比率对全要素生产率进行测算。全要素生产率指数方法主要依赖完全竞争市场条件和投入、产出价格数据，本书将在第 6 章中对目前使用最为广泛且典型的 Malmquist 全要素生产率指数方法进行详细阐述。

2.2.3　数据包络分析方法（DEA）

数据包络分析运用线性规划（linear programming）方法构建观测数据

的生产前沿面，通过这个前沿面来计算决策单元的相对效率。DEA 方法是一种非参数方法，与参数方法的不同之处体现在对观测数据的处理。参数方法寻求产出与投入之间的函数关系，而非参数方法无须建立此关系，这样做又不失观测数据的客观性优点。DEA 方法是将数学规划模型与经济有机结合，通过数学规划模型来比较决策单元间的相对效率，从而对决策单元的相对有效性进行评价。本书将在第 5 章中对数据包络分析方法进行详细阐述。

DEA 方法的优点在于可以同时处理多项投入与产出的模型，且不需要事先假定投入与产出之间的具体函数关系。同时，投入指标与产出指标都可以采用不同的计量单位与量级。

2.2.4　随机前沿分析方法（SFA）

随机前沿分析方法是采用包含了随机误差项的计量经济生产模型方法来估计生产前沿的函数，并通过函数对效率进行计算。艾格纳、洛夫尔和施密特（Aigner, Lovell, and Schmidt., 1977），穆森和布勒克（Meeusen and Van den Breck, 1977）分别提出了相似并且适合横截面数据（cross-sectional data）的随机前沿生产函数模型，模型如下：$\ln q_i = x_i'\beta + v_i - u_i$。该模型由生产函数和两个随机误差项构成，其中一个零均值的随机误差项 v_i 可以对统计噪声进行解释，另一个非零均值的随机误差项 u_i 则反映无效性。后期学者们对该模型的假定进行了修改，提出了截断正态前沿模型、伽马（gamma）模型和面板数据（panel data）模型，面板数据模型即：$\ln q_{it} = x_{it}'\beta + v_{it} - u_{it}$。

随机前沿分析方法在使用的过程中，需要根据观测数据的具体情况来确定是否需要估计距离函数、成本前沿（cost frontier）、利润前沿或单产出生产前沿，并且需要事先设定函数的具体形式、误差的分布、估计方法以及相应的计算软件，这也被视为此方法的缺陷。

2.3　分析方法的比较和选择

计量经济生产模型方法和随机前沿分析方法都是参数方法，在使用的过程中都必须事先假定具体的函数形式。而全要素生产率指数方法和数据包络分析方法都是非参数方法，使用时并不需要设定具体的函数形式，可以有效避免由于生产函数设置错误所带来的一系列问题。我们可以通过表2-2对上述四种方法的基本特性进行比较，从而找到本书研究需要的具体方法。

表2-2　　　　　　　　效率与生产率分析方法的特征比较

特征	计量经济生产模型方法	全要素生产率指数方法（TFP）	数据包络分析方法（DEA）	随机前沿分析方法（SFA）
是否参数方法	是	否	否	是
是否假设分析对象有效	是	是	否	否
是否设定函数形式	是	否	否	是
数据形式	横截面数据；时间序列；面板数据	横截面数据；时间序列；面板数据	横截面数据；面板数据	横截面数据；面板数据
是否需要价格数据	否	是	否	否
分析对象	总量	总量	DMU	DMU
是否能够处理多产出情况	否	否	是	否

资料来源：笔者自制。

通过对表2-2的分析，结合数据的可获得性，本书将采用数据包络分析方法计算陕西省耕地生产效率。针对多项投入与多项产出的面板数据，本书将采用Malmquist全要素生产率指数方法来计算陕西省耕地的全要素生产率变动情况。

第3章 陕西省农业农村发展现状分析

3.1 区域概况

本章数据均来源于 2018~2020 年《陕西省统计公报》和《陕西统计年鉴》。

3.1.1 自然地理条件

陕西省地处我国内陆中心腹地，位于东经 105°29′~111°15′，北纬 31°42′~39°35′，纵跨黄河长江两大水系，与晋、蒙、宁、甘、川、渝、鄂、豫 8 个省、区、市接壤，总面积 20.58 万平方千米。

1. 地貌

陕西省地势南北高、中部低，北山和秦岭把全省分为三大自然区域，分别为陕北高原、关中平原、秦巴山地。北部是由深厚黄土层覆盖的陕北高原（以下简称陕北），其北部为风沙区，南部是丘陵沟壑区，面积约 92500 平方千米，占全省土地总面积的 45%；中部是由河流冲积和黄土沉积为主形成的关中平原（以下简称关中），面积约 39060 平方千米，占全省土地总面积的 19%；南部是由花岗岩及变质岩系构成的秦巴山地（以下简称陕南），包括秦岭、巴山和汉江谷地，面积约 74010 平方千米，占全省土地总面积的 36%。

2. 气候

陕西省横贯三个气候带，南北气候差异较大。陕南属亚热带气候，关中及陕北大部分属暖温带气候，陕北北部长城沿线属中温带气候。

日照与太阳辐射。陕西省年辐射总量平均 88～144 千卡/平方厘米，生理辐射总量年平均 46～70 千卡/平方厘米，日照总时数年平均 1350～2926 小时，日照率 31%～67%。一年当中，光能资源以夏季最为丰富，太阳辐射总量达 33～49 千卡/平方厘米，日照时数达 500～830 小时；冬季最少，太阳辐射总量为 14～24 千卡/平方厘米，日照时数仅 228～634 小时。

陕西省光能资源区域差异明显，总体上呈北多南少之势，部分地区还显现出东多西少的情况。陕北地区太阳辐射最强，日照最丰富，太阳辐射总量年平均达 119～144 千卡/平方厘米，生理辐射平均达 60～70 千卡/平方厘米；关中地区光能资源总量居中，太阳辐射总量年平均为 109～130 千卡/平方厘米，生理辐射年平均为 55～66 千卡/平方厘米，日照时数年平均为 2000～2500 小时；陕南地区是陕西省光能资源总量的低值区，太阳辐射总量年平均仅 88～120 千卡/平方厘米，生理辐射年平均 46～60 千卡/平方厘米，日照时数年平均仅 1350～2100 小时。

3. 气温

陕西省从北到南年平均气温介于 6～16℃，多年平均值为 11.6℃，≥10℃的活动积温介于 2800～5000℃，气温的时空变化较大。冬季月平均气温以 1 月为最低，0℃等温线位于秦岭南坡。

陕北地区年平均气温为 6～11℃，日平均气温≥0℃的日数为 240～270 天，大部分地区只能满足农作物两年三熟需要；关中地区年平均气温为 9～14℃，极端最高气温为 38～44℃，极端最低气温为 -20～-15℃，日平均气温≥0℃的日数为 260～315 天，能满足农作物小麦—玉米一年两熟的需要；陕南地区年平均气温为 10～16℃，极端最高气温为 36～43℃，极端最低气温为 -14～-8℃，日平均气温≥0℃的日数为 285～362 天，河谷地带大部分地区可满足农作物稻麦一年两熟的需要。

4. 降水

全省从北到南年降水量在 330～1250 毫米，多年平均降水量为 656 毫米，其中陕北 454 毫米，关中 648 毫米，陕南 895 毫米。各地年降水相对变率 8% ~ 25%，降水量不稳定且时空变化较大。

全省降水年内分布不均，夏季（6 ~ 8 月）为多雨季节，占年降水量的 50% 以上，达 170 ~ 530 毫米；秋季（9 ~ 11 月）降水量居第二位，占年降水量的 25% 左右，为 85 ~ 431 毫米；冬季（12 ~ 2 月）为少雨季节，降水量最少，占年降水量不足 5%，仅 5 ~ 42 毫米。

全省年降水量南多北少，陕南大巴山区域是陕西省降水量最多的地方，年降水超过 1000 毫米；陕北定边一带的降水量为陕西省最少，只有 323.6 毫米。

5. 水文

全省水资源总量 423.3 亿立方米，居全国第 19 位，人均水资源量 1230 立方米，为全国平均水平的一半。按流域分，黄河流域 116.6 亿立方米，长江流域 306.7 亿立方米，分别占全省水资源总量的 27.5%、72.5%。按区域分，关中 82.3 亿立方米，陕北 40.4 亿立方米，陕南 300.6 亿立方米，分别占全省水资源总量的 19.4%、9.5% 和 71.1%。其中秦岭和大巴山地区水资源丰富，关中地区水资源短缺，陕北地区水资源严重缺乏。

6. 土壤

全省在复杂多样的自然环境下，形成了多种土壤类型，主要包括黑垆土、黄绵土、褐土、黄棕壤、水稻土、新积土、红黏土、潮土、草甸土、沼泽土、盐土、风沙土、棕壤 13 个土壤大类。

黑垆土主要分布于渭北高原，陕北黄土丘陵也有黑垆土零星分布；黄绵土主要分布于陕北黄土丘陵沟壑区，渭北高原和关中平原亦有分布；褐土主要分布在关中平原、秦岭北坡及关中北部的黄龙山、乔山和关山等地；黄棕壤主要分布在陕南汉江河谷盆地边缘的丘陵地区以及海拔在 1200 米以下的秦岭南坡和巴山北坡；水稻土在全省各地均有分布，其中以陕南地区面积最大，主要位于汉水、月河和丹江两岸，低山丘陵区也有少量分布，关中以渭河南岸河谷阶地和秦岭北麓山溪出口的扇形地较多，陕北地区的水稻土则主要分布在无定河和窟野河两岸以及延安以南水源丰富的山沟中；新积土各地均有分布，但面积不大；红黏土主要分布在陕北黄土高原沟坡地；潮土主要分布在各条河流两岸；草甸土在各河谷低地均有分布，主要在陕北长城沿线以北风沙区下的湿草滩地；沼泽土常见于地势低洼、排水不畅、地下水位高或常年积水的地区，各地均有零星分布，以榆林地区面积较大；盐土主要分布在陕北榆林地区和关中平原东部地区，主要在排水不良的洪积扇缘交接洼地、冲积平原河间洼地、湖盆滩地和库区周围；风沙土主要分布在陕北长城沿线以北的高原风沙区及黄土丘陵区北缘风蚀严重的地段，关中东部的大荔沙苑地区也有小面积分布；棕壤主要分布于秦巴山地，在垂直带谱中常出现于褐土、黄棕壤之上，一般海拔高度在1500~1700米。

3.1.2　经济社会条件

截至2020年11月，陕西省设10个省辖市和杨凌农业高新技术产业示范区（以下简称"杨凌示范区"）、6个县级市、71个县和30个市辖区。全省常住人口3952.90万人，其中，男性2022.65万人，占51.17%；女性1930.25万人，占48.83%，性别比为104.79。城镇人口2476.97万人，占62.66%；乡村人口1475.93万人，占37.34%。人口年龄构成为：0~14岁人口占17.33%，15~64岁人口占69.35%，65岁及以上人口占13.32%。全省生产总值2.62万亿元，在全国排名第14位，其中第一产业0.23万亿元，第二产业1.14万亿元，第三产业1.25万亿元，人均GDP6.75万元。

现代农业建设成效明显，2020年粮食产量再创新高，总产量1274.83万吨。截至2019年，苹果、猕猴桃产量全国第一。2019年全省农林牧渔业总产值3536.80亿元，其中渭南市以577.69亿元排名第一；全省粮食作物播种面积299.90万公顷，产量1231.13万吨；全省粮食单位面积平均产量4105千克/公顷，其中杨凌示范区平均产量最高，为6749千克/公顷，其次是西安市，为5122千克/公顷，最低的是商洛市，为3080千克/公顷。农村常住居民可支配收入12325元。

2019年，地方财政收入2287.90亿元，高速公路通车里程5593千米；西安市至郑州市、太原市等高铁建成投运，铁路营业里程6224千米，咸阳国际机场二期扩建顺利完成，旅客吞吐量突破4739.3万人次，国际航线达88条。水利建设五大体系、十大工程全面展开，渭河综合治理、引汉济渭、东庄水库、斗门水库等加快建设，供水总量达 92.6 亿立方米。西安市国家级互联网骨干直联点开通，沣西新城大数据中心完成建设，信息化指数西部第一。坚持财政支出和新增财力"两个 80%"用于民生，城乡居民收入年均分别增长 8.3% 和 9.9%，新增城镇就业 46.09 万人，小学、初中学龄儿童净入学率分别达到 99.97% 和 99.95%。社会保障体系城乡全覆盖，城乡居民基本养老保险参保率达到 99.59% 以上。文化、体育、广播影视等社会事业全面发展，公共服务水平明显提升。

3.2 农村发展现状

3.2.1 农村人口现状

1. 户籍人口现状

根据《陕西统计年鉴 2020》，截至 2019 年末，陕西省户籍总人口 4051.73 万人，其中农村户籍人口 2457.57 万人，占户籍总人口的 60.65%。

关中地区户籍总人口 2498.19 万人，农村户籍人口 1316.42 万人，占户籍总人口 52.69%；陕北地区户籍总人口 618.69 万人，农村户籍人口 454.41 万人，占户籍总人口 73.44%；陕南地区户籍总人口 934.86 万人，农村户籍人口 686.74 万人，占户籍总人口 73.46%。

2. 常住人口现状

截至 2019 年末，陕西省常住人口 3876.21 万人，其中农村常住人口 1572 万人，占全省常住人口的 40.56%。关中地区常住人口 2459.12 万人，占全省常住人口的 63.44%；陕北地区常住人口 567.99 万人，占全省常住人口的 14.65%；陕南地区常住人口 849.10 万人，占全省常住人口的 21.91%。

3.2.2 农村经济结构现状

1. 农村就业结构

截至 2019 年末，陕西省乡村人口总数 1572 万人，乡村从业人员数

767.2 万人，其中从事农林牧渔业的人数为 759.7 万人，乡村劳动力本地务农比重为 38.2%。

2. 农村收入结构

2019 年农村居民人均可支配收入 12326 元，其中工资性收入 5025 元，经营性收入 3792 元，财产性收入 214 元，转移性收入 3295 元。从农民收入情况来看，工资性收入占比最高，为 40.77%，其次是经营性收入，占比 30.76%，转移性收入占比 26.73%，财产性收入占比最小，为 1.74%。

3.2.3 农业产业结构

2019 年末，陕西省农林牧渔业总产值 3536.80 亿元，其中农业产值 2445.83 亿元，占农林牧渔业总产值的 69.15%，林业产值 106.06 亿元，占农林牧渔业总产值的 3%，牧业产值 757.24 亿元，占农林牧渔业总产值的 21.41%，渔业产值 31.38 亿元，占农林牧渔业总产值的 0.89%，农林牧渔服务业产值 196.29 亿元，占农林牧渔业总产值的 5.55%。陕西省农民对农林牧渔业均有涉及，但多数地区仍以农业种植为主，林业、畜牧业、渔业地区差异较大（见图 3-1）。

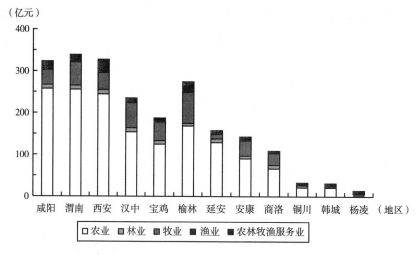

图 3-1　2019 年陕西省各市（区）农林牧渔业产值及排序

资料来源：笔者自绘。

3.3　农村建设用地布局

3.3.1　分布概况

从全省看，农村建设用地呈散乱式分布，陕北、关中、陕南呈现不同的分布特征，关中地区农村建设用地沿陇海线分布数量较大且密集，陕北、陕南沿川道或城镇交通干线集中，总体上呈分散特征。

从局部看，陕北农村建设用地分布较为均衡，各个县（区）均有分布，且规模较小，集中程度较低。表现为沿河流、道路呈条带状分布，越靠近河流沿岸或道路沿线越密集，这是因为河谷地带形成了一定面积的冲积平原，地势较为平缓，并且陕北大部分地区较为干旱，年降雨量较少，靠近河流的地方人畜饮水更为便利，因此更容易聚集村庄。

关中农村建设用地在城市周边分布较多，整体规模较大，集中程度较高。表现为沿陇海线呈带状密集分布，主要是由于关中地区地势平坦，气候适宜，土壤肥沃，农业灌溉条件良好，历史悠久，人口密集，且关中是全省经济活动的中心，因此村庄分布密集。

陕南农村建设用地呈组团式分布，汉中、安康、商洛周边区域的农村居民点数量多且分布较密集，其他区域数量较少且分布较为分散。

3.3.2　农村建设用地总规模

根据陕西省 2018 年度土地利用现状变更数据库以及《陕西统计年鉴 2019》数据，截至 2018 年末，全省共 28239 个行政村，建设用地面积为 98.11 万公顷，其中城乡建设用地面积为 81.15 万公顷，农村建设用地面积为 48.87 万公顷，农村建设用地占城乡建设用地面积的 60.22%，占全省建设用地总面积的 49.81%。

陕北地区农村建设用地总面积 11.99 万公顷，占城乡建设用地面积的 61.14%，占其建设用地面积的 48.62%；关中地区农村建设用地总面积 26.92 万公顷，占其城乡建设用地面积的 56.85%，占其建设用地面积的

48.72%；陕南地区农村建设用地总面积 9.96 万公顷，占其城乡建设用地面积的 70.19%，占其建设用地面积的 54.73%。关中地区农村建设用地总规模最大，陕北地区次之，陕南地区相对较小。

3.3.3　存在的主要问题

第一，陕西省第七次全国人口普查数据显示，全省常住人口中共有家庭户 1421.13 万户，集体户 76.43 万户，家庭户人口 3597.54 万人，集体户人口 355.36 万人。平均每个家庭户人口为 2.53 人，比 2010 年第六次人口普查减少 0.69 人。受人口流动频繁、住房条件改善、年轻人婚后独立居住等因素影响，家庭户规模将继续缩小。

全省常住人口中，居住在城镇的人口 2476.97 万人，占 62.66%；居住在乡村的人口为 1475.93 万人，占 37.34%。与 2010 年第六次全国人口普查相比，城镇人口增加 771.04 万人，乡村人口减少 550.88 万人，城镇人口比重提高 16.96%。农村人口外流数量大，主要以学生和外出就业的青壮年劳动力为主。农村基础设施相对落后，中、小学硬件配置和师资力量不及城市，因此很多农村家庭选择将孩子送入城市上学；同时农村经济发展缓慢，就业岗位较少，市场不够活跃，使得大量青壮年劳动力进城务工。农村户籍人口常住异地直接导致农村大量房屋闲置，耕地、园地撂荒现象日趋严重，青壮年劳动力的外流进一步阻碍了农村地区生产力提升，空心村、空巢老人、留守儿童问题也日趋凸显。

第二，收入结构不合理。根据经济结构数据分析，2019 年陕西省农民收入主要依靠工资性收入和经营性收入，两者合计占比达到 71.51%，而转移性收入和财产性收入占比过小，分别为 26.73% 和 1.76%。

农民生产生活保障相比城市居民仍然不足，缺乏可经营性资产。解决"三农"问题，就要改善农民收入结构，拓宽收入渠道，增加财产性收入，提高农民可支配收入。

第三，农村建设用地占比较大，利用效率较低。截至 2018 年，大部分农村建设用地规模较大，占建设用地总规模比重较高，达到 50% 以上。商洛市最高，达到 60.62%，渭南市为 58.98%，杨凌示范区为 23.42%。

全省农村建设用地占城乡建设用地比例高达 73.36%，其中安康、商洛高于 74%，西安市为 44.14%。农村建设用地中宅基地占比达到 98% 以上，公共服务及基础设施用地占比较少，按"生态宜居、生活富裕"的要求，有待进一步提高。全省农村人均建设用地近 300 平方米，户均建设用地达到 600 多平方米，建设用地利用粗放，空闲、荒废村落较多，分布零散，达不到节约集约利用的要求。

农村建设用地中大部分是宅基地建设，受传统观念的影响，宅基地大多独门独户，普遍存在面积超标、闲置、废弃、一户多宅等情况，利用率低。同时，农村住房多数以低层建筑为主，占地面积大，容积率低，大多占用地势平坦、向阳、水源条件好、土层深厚、土质肥沃的优质土地。基础设施建设滞后，公共服务设施不完善也进一步加深了农村建设用地的低效使用。

3.4　农业产业现状

3.4.1　陕西省农业产业发展现状

近年来，陕西省立足省情农情，围绕"保供给、促增收"总目标，围绕推进农业现代化发展和农民增收，大力发展特色现代农业。"十三五"期间陕西省深入推进农业供给侧结构性改革，大力实施"藏粮于地、藏粮于技"战略，积极推动畜牧业高质量发展，粮食生产能力明显提升。具体体现在以下几个方面。

（1）干旱半干旱地区农业发展经验不断丰富。旱塬地区的粮食产量决定全省粮食的丰歉。政府始终把旱作农业放在农业工作的首要位置，开展大规模农田整治，以集雨窖节灌补水、地膜覆盖、秸秆覆盖为重点方式储存水源；以保护性耕作、垄沟种植、科学施肥和抗旱剂应用为重点方式保住地中墒；以调整结构、适水种植为重点，科学用好土中水。培育推广了长旱 58、铜麦 3 号、陕单 609、榆单 9 号等一系列抗旱优良品种，年推广不同模式的旱作农业技术 133.433 万公顷，单位面积粮食产量从 2010 年的 0.337 万公顷提高到 2019 年的 0.401 万公顷，增加了 0.064 万公顷。陕西省拥有国家节水灌溉杨凌工程技术研究中心、西农干旱半干旱农业研究中心等机构,旱作节水农业科技创新体系完备,探索出了一条工程措施与生物措施相配套、农艺与农机相融合、传统技术与现代技术相集成的旱作农业发展道路。

(2)现代农业可持续发展模式逐步成熟。陕西省根据不同地域特点,因地制宜,分类施策,大力发展生态循环农业,创建了一批农牧业可持续发展新模式。在陕北推广全膜双垄沟播技术,使玉米产量和秸秆产量均增加1倍,同时大力开展人工优质牧草种植,单位面积载畜量明显增加,综合效益显著;在渭北果区推行"果—畜""果—畜—沼"循环模式,示范建设了3个百万头生猪大县,建成万头生猪示范村160个,增加了果园土壤有机质,提高了果品质量;在关中、陕南以大型畜禽养殖场为重点,年建50个大中型沼气工程,探索规模化畜禽养殖污染治理模式,同时配套建设60多个万吨有机肥加工项目,推进有机肥商品化生产、品牌化销售、产业化发展,通过种养结合的方式支撑了现代农业的持续健康发展。

(3)农业综合生产能力全面提升。积极实施单产提高工程,在耕地面积刚性下降、劳动力大量转移、重大自然灾害交替发生等不利条件下,粮食生产成功打破丰歉波动的传统周期,生产能力连续5年稳定在1200万吨左右,2019年粮食总产量1231.13万吨,较2015年增加2.2%。果业规模、质量、效益同步提升,由数量增长型向质量效益型加快转变,2019年水果面积113.416万公顷,总产1733.36万吨,分别较2010年增长16.1%、26.7%。其中苹果面积69.513万公顷,总产1037.3万吨,跻身欧盟地理标志保护十大中国农产品行列,品牌影响力和市场竞争力不断增强;猕猴桃实现超常规发展,产量位居世界第一,达124万吨,增长43%;畜牧产业结构升级,规模化、标准化养殖方式转型加快,奶类人均占有量超过全国平均水平,肉牛、肉羊发展步入快车道;设施蔬菜进入产业聚集、板块推进阶段,每年以1.333万公顷以上的速度增长,成为西北最大的生产基地;陕茶知名度不断提升,近年发展迅猛,全省茶园面积14.516万公顷,总产7.93万吨,分别较2015年增长58.6%、232.2%。

(4)农业产业化水平显著提高。建成国家级现代农业示范区7个,省级园区建设从无到有，规模扩张迅速，数量达到 336 个，实现涉农县（区）全覆盖，带动建设各级各类园区 2350 个，占全省耕地总面积的 11.8%；积极实施"十百千万"工程，制定新型经营主体扶持意见，出台家庭农场认定办法，全省龙头企业发展到 2680 家，其中国家级 36 家，省级 468 家；初步形成粮食、果品、畜产品、茶叶等四大类特色农产品加工龙头企业集群。拥有合作社 3.65 万家，增幅达 332%，农户入社率提高到 26%；培育新型职业农民 1.23 万人，发展家庭农场 2.4 万家，专业大户 8.3 万户；农机总动力达到 2667 万千瓦，主要农作物耕种收综合机械化水平达到 61%，增长 9%；农产品市场流通设施建设加快，集中建设洛川、眉县两个 5 万吨以上的贮藏库群，使洛川苹果、眉县猕猴桃两个农产品交易中心成为国家级农产品交易中心。

（5）农民收入持续较快增长。农民收入在宏观经济下行、自然灾害频发、农产品市场波动压力下仍保持高速增长态势，2019 年陕西省农村居民人均可支配收入达 12325.7 元，比 2015 年提高近 50%，年均增速达 14.2%，连续 8 年高于全国平均水平，城乡居民收入比由 3.82∶1 下降到 3.04∶1。

3.4.2　陕西省粮食生产现状

2019 年，陕西省粮食播种面积 199.928 万公顷，总产量达 1213.13 万吨，其中夏粮播种面积 73.623 万公顷，产量 420.31 万吨，秋粮播种面积 126.305 万公顷，产量 810.82 万吨，人均占有粮 323.44 千克，比全国平均水平低 28.47%。粮食单产达到 266.2 千克，产量从高到低依次为杨凌示范区、西安市、咸阳市、宝鸡市、渭南市、铜川市、汉中市、延安市、安康市、商洛市、榆林市。最高产量为 427.6 千克/亩，最低产量为 197.5 千克/亩。

陕西省三大地理区域中，关中地区的渭南市、咸阳市、西安市、宝鸡市、铜川市、杨凌示范区粮食播种面积占全省的 53.68%，产量占 62.14%；陕北地区的榆林市、延安市粮食播种面积占全省的 22.19%，产量占 17.44%；陕南地区的汉中市、安康市、商洛市粮食播种面积占全省的 24.13%，产量占 20.42%。

陕西省粮食主产县（区）主要分布在西安市的阎良区、临潼区、长安区、蓝田县、周至县、鄠邑区、高陵区，宝鸡市的陈仓区、凤翔区、岐山县、扶风县、眉县、千阳县，咸阳市的三原县、泾阳县、乾县、武功县、兴平市；渭南市的临渭区、华州区、大荔县、合阳县、澄城县、蒲城县、富平县、韩城市，汉中市的汉台区、南郑区、城固县、洋县、勉县以及安康市的汉滨区。这 32 个粮食生产大县（区）2019 年的粮食播种面积达 299.892 万公顷，占全省面积的 47.9%，产量达 1231.13 万吨，占全省产量的 62.7%。

陕西省的主要粮食作物有小麦、稻谷、玉米和大豆，2019 年全省小麦播种面积 64.369 万公顷，稻谷播种面积 7.021 万公顷，玉米播种面积 78.470 万公顷，大豆播种面积 10.074 万公顷。从播种面积上看，玉米播种面积最大，其次是小麦；从总产量上看，玉米产量占全省粮食总产量的 50.03%，小麦占 37.34%，稻谷占 34.54%，大豆仅占 10.02%。由此可见，玉米在全省粮食生产中占主导地位。

3.5 优势和特色农业产业发展现状

3.5.1 果业发展现状

（1）陕西果业为全省生态环境改善做出巨大贡献。据 2019 年数据，作为退耕还林、生态保护的后续产业，陕西有 113.4 万公顷果园。尤其是陕北山地苹果、沙漠苹果和陕南柑橘为涵养水源、减少水土流失、改善生态环境发挥了重要作用，为美丽陕西建设提供了有力支撑。陕西水果每年制造碳水化合物约 530 万吨，每亩果林一年比无林地区多蓄水 20 吨。一个个果园成为一个个"天然氧吧"，每亩果林一年可以吸收灰尘 2 万千克至 6 万千克，每天能吸收 67 千克二氧化碳，释放 48 千克氧气，一个月可以吸收有毒气体二氧化硫 4 千克。渭北和陕北地区是全球集中连片种植苹果最大的区域，也是联合国粮农组织认定的世界最佳苹果优生区。历史上这些区域是干旱少雨和水土流失严重的地区，也是自然灾害多发区。自 30 多年前陕西省大量栽培果树以来，这些地区的自然生态面貌发生了根本性改变，水土流失和沙尘天气得到有效遏制。

在陕北森林板块中，山地苹果、沙漠苹果、山地红枣等果树占有重要的比例。近年来，陕西省在干旱贫瘠沟壑区大量栽植果树，仅山地苹果就增加26.7万公顷，沙漠苹果增加近0.133万公顷。退耕还林大县无一不是果业大县。延安市与榆林市也已经成功创建国家森林城市。如今，全省以陕北和关中为重点区域的果业基地县已达43个。陕西水果已经成为名副其实的"致富果""生态果"。

（2）区域布局不断优化。从地区分布来看，延安、咸阳、榆林、渭南等地水果种植面积较大，占全省的78%。从水果种类来看，苹果主要集中在渭北黄土高原，以延安、铜川、渭南、咸阳、宝鸡为主，形成了68.133万公顷渭北苹果产业带；随着"北扩西进"战略的实施，苹果种植正逐步向陕北山地和关中西部地区扩张。猕猴桃主要分布在秦岭北麓冲积扇和渭河南岸地区，以西安、宝鸡为主，形成以周至、眉县为中心的6万公顷秦岭北麓猕猴桃产业带。柑橘主要分布在秦岭南坡浅山丘陵地带，以汉中、安康为主，形成以城固为中心的3.8万公顷柑橘产业带。葡萄主要集中在关中地区，种植面积约占全省的90%。红枣主要分布在黄河、渭河沿岸，其中干枣主要集中在陕北黄河及其支流沿岸，已形成16万公顷沿河干枣产业带；鲜枣主要分布在关中渭河沿岸的大荔、临渭等地。传统水果呈块状分布在各地，时令特色水果呈点状分布在大中城市郊区，已形成大中城市近郊百万亩特色水果产业带。

（3）果树种苗繁育体系日趋完备。陕西省果树良种苗木繁育中心成立后，又在全省建立4个分中心和5个种苗基地，形成了"中心+分中心+基地"的苗木繁育体系，辐射带动全省每年建设苗木基地1万余亩，生产各类果树苗木0.8亿～1亿株，除葡萄、桃等部分水果外，主要果树苗木基本实现了自给，果树种苗质量稳步提高，无毒苗、自根苗开始示范推广。

（4）果业生产条件逐步提高。全省有效灌溉果园面积达到20万公顷，果园使用机械41.8万台（套），机械化作业水平逐步提升。配备防雹网和"灯、板、带"等防虫设施的果园面积达10万公顷，果品贮藏能力达到291.2万吨，其中机械冷库贮藏能力234.4万吨，气调库贮藏能力56.8万吨，增强了果品应市能力。

（5）果业产业化水平大幅提升。洛川苹果批发市场和眉县猕猴桃批发市场跨入国家级果品批发市场行列。果业融入"一带一路"建设中，成效初显，出口到 80 多个国家和地区，俄罗斯及中西亚、东南亚和非洲国家成为陕西省水果出口增长最快的市场。陕西省已成为世界最大的浓缩苹果汁加工出口基地。

3.5.2　畜牧业发展现状

（1）畜产品生产能力稳定增长。2019 年，全省生猪存栏 795.70 万头，牛存栏 150.17 万头，羊存栏 815.05 万只，家禽存栏 7760.16 万只；肉、蛋、奶产量分别达到 109.53 万吨、58.1 万吨、192 万吨，较 2015 年分别增长 11.1%、23.4% 和 8.2%；人均占有肉类由 27.5 千克提高到 30.4 千克，人均占有禽蛋类由 12.6 千克提高到 15.4 千克，人均占有奶类由 47.5 千克提高到 50.3 千克。全省畜牧业现价产值由 2015 年的 665.5 亿元增加到 2019 年的 757.2 亿元，增长 13.78 %，畜牧业已成为陕西省农业经济的重要产业之一。

（2）区域布局不断优化。认真实施陕北肉羊、关中奶畜、渭北肉牛、陕南生猪基地建设项目，加快产业结构调整，使优势畜产品向主产区集聚，初步形成"陕南生猪、关中奶畜、陕北羊子"的产业布局。2019 年，陕南生猪出栏占全省 44%；陕北羊存栏占全省 60%，其中绒山羊全部分布在陕北地区；关中奶牛存栏占全省 95%，奶山羊全部集中在关中地区；渭北肉牛出栏占全省 60%。

（3）畜牧业生产水平明显提高。猪、牛出栏率分别由 2015 年的 125.7%、30.3% 提高到 2019 年的 142.5%、37.2%；家禽年均产蛋量由 8.2 千克提高到 8.6 千克，存栏奶牛年均产奶量由 3103 千克提高到 3163 千克。

（4）生产方式发生重大变革。2019 年，全省年出栏 100 头以上的生猪养殖场户生猪出栏数占全省 62.8%，年存栏 20 头以上的奶牛养殖场户奶牛存栏占全省的 56.0%，分别比 2015 年提高 17.1% 和 20.2%。自动喂料、自动饮水、自动清粪、圈舍环境控制等先进设备广泛推广应用；DHI

测定、TMR 饲喂、奶牛性控、信息化管理等现代化生产技术加快推广应用。

3.5.3 种植业发展现状

（1）粮食产量持续稳定增长。"十三五"时期，陕西省高度重视粮食安全工作，将粮食安全保障工作作为重要的政治任务来抓，深入推进农业供给侧结构性改革，持续推进种植业结构调整，全省粮食产量稳中有增，牢牢守住粮食安全底线。"十三五"时期，陕西省粮食在播种面积下降1.79 万公顷的情况下，单产每公顷提高 257.5 千克，总产增加 70.1 万吨。粮食年平均总产量为 1238.1 万吨，较"十二五"时期增加 25.7 万吨，增长 2.1%；较改革开放初期增加 431.8 万吨，增长 54.0%。2020 年全年粮食总产量达到 1274.8 万吨，创历史新高。与此同时，粮食播种面积呈减少趋势，2019 年为近年来的低点，为 299.890 万公顷。2020 年陕西省加大对粮食生产的支持力度，压实粮食生产责任，积极落实各项补贴政策，连续 3 年扭转播种面积下降的局面，恢复到 300.10 万公顷。2020 年粮食单产 4081.7 千克/公顷，为近年来新高，较"十二五"末期每公顷单产量提高 257.5 千克，增长 6.5%；较改革开放初期增加 2465.5 千克/公顷，增长了 138.4%。粮食单产提升有效缓解了粮食消费扩大带来的耕地紧缺压力，是粮食播种面积增长困难情况下稳住粮食产量的关键，显示出陕西省粮食生产的良种覆盖率、科技进步率、栽培管理水平、综合机械化率成就显著。

（2）结构布局不断优化。初步形成了陕北马铃薯、小杂粮、果业，关中特色水果、设施瓜菜，陕南油菜、茶叶、中药材、魔芋、马铃薯等特色产业布局。

（3）产品质量进一步提高。围绕增产增收目标，立足地域特色，强化产品宣传，全力打造区域品牌，形成了"定之荞""大明绿豆""延安小米""太白蔬菜""安康富硒魔芋"等一批享誉国内外的知名品牌，产品影响力不断提升，带动了市场销售。大力推广标准化生产，积极发展"三品一标"农产品，2019 年底，全省地理标志商标 135 件，地理标志保护产品 86 个，获批使用地理标志保护产品专用标志的企业 194 家，同比分别增长 8%、8.86%、10.34%。建立健全农产品质量安全监管体系，强化源头治理、过程管控和质量追溯，农产品质量安全合格率达96%以上。

（4）技术模式不断创新。建设现代种业，培育引进了强筋小麦、高产稳产杂粮、双低油菜、马铃薯等新品种。实施高产创建、旱作农业、测土配方施肥等重大项目，推广节本增效、高产高效、绿色环保等 10 大主推技术，探索技术集成、成果转化、机制创新的新路径，马铃薯、杂粮等单产纪录不断刷新，科技对农业增长的贡献率达到 54%，较 2010 年提高 5个百分点。

3.5.4　存在的主要问题

（1）水资源供需矛盾日益突出。水始终是全省农业经济社会可持续发展的关键制约因素。水资源总量严重不足，有限的水资源在时空、地域分布上极不均衡，与耕地、农业布局极不匹配。秦岭以南的耕地占全省的 1/5，拥有全省 2/3 以上的地表水资源；秦岭以北的耕地占全省的 4/5，地表水资源仅占 1/3。全省降水分布南多北少，加之农业用水较为粗放，用水效率较低，传统的大水漫灌方式在部分地区仍然存在，节水灌溉工程面积占农田灌溉面积的 68%，其中喷灌、微灌仅占 4.4%，远低于全国平均水平。灌溉水有效利用系数低于河南省。水分生产率仅是发达国家的一半。农田水利基础设施薄弱，全省农田有效灌溉面积仅占耕地面积的31.8%，还有近七成的耕地没有灌溉水源或缺少基本灌排条件，现有灌溉面积中灌排设施配套差、标准低、效益衰减等问题突出，40% 大型灌区骨干工程、49% 中小型灌区及小型农田水利工程设施不配套和老化失修，大多灌排泵站"带病"运行、效率低下，农田水利"最后一公里"仍是影响农业稳定发展和全省粮食安全的重要瓶颈。耕地、立地条件差，约 80%的耕地分布于水土流失区。耕地面积减少、质量下降、后备资源不足，与预期土地承载能力形成反差。

（2）农业发展方式仍较粗放。全省农业科技进步贡献率为 54%，低于全国平均水平 2 个百分点。农业机械化程度不高，主要农作物耕种收综合机械化水平较黑龙江省低 28.5 个百分点。土地流转速度慢、规模小，流转比例 18.1%，在国内处于中后位置，与现代农业发展要求有较大差距，严重影响了农业集约化发展。陕西省平均每个从事农业的劳动力耕种的耕地面积为 5.3 亩，较全国水平低 1.4 亩；从事农业的劳动力占农村从业人员的 62.5%，高出全国 11.5 个百分点；粮食作物单产每亩 261 千克，较全国水平低 132 千克。肉牛、肉羊生产仍以农户小规模分散养殖为主，规模化、标准化、产业化程度低，规模养殖比例分别为 18.5%、48.9%。农业经营方式粗放，存在大面积开荒、超采地下水等严重影响生态的问题。个别地方只重视单一产业效益，不注重发展循环农业，不能充分实现农业资源的高效循环利用，加快转变农业发展方式、提高资源产出率任务艰巨。

（3）农业面源污染日趋严重。全省农业污染源排放的 COD（化学需氧量）、氨氮分别占总量的 37%、25%；COD 主要来源于畜禽养殖业，占农业污染源 COD 排放量的 95% 以上。陕西省化肥年使用量达 241.7 万吨，化肥平均利用率仅 30% 左右，平均施用量高达 56 千克/亩，远超出全国平均水平（32 千克/亩）和发达国家（15 千克/亩）的安全上限。年农药使用量达 1.3 万吨，有 4.667 万公顷农田遭受不同程度的农药污染。地膜年使用量 2.1 万吨，回收率仅 42%，每亩残留地膜 1.8 千克。过量的化肥、农药、地膜在土壤与水体中大量残留，造成河流和农田土壤环境发生显性或潜性污染，成为影响陕西省现代农业可持续发展和食品安全的严重问题。

（4）农业生态依然脆弱。陕西省生态环境脆弱，水土流失面积 12.36 万平方千米，占总土地面积的 60%。土壤盐碱化问题比较突出，已达 210 万亩，中重度盐碱地占比 75%，千亩以上集中连片的盐碱地超过 300 个。由于自然和人为双重因素作用，局部生态环境问题突出，承载力下降。陕北是我国重要的能源化工基地，属鄂尔多斯地台范围，丘陵、残塬、沟壑交织，由于资源大量开采而造成的生态破坏、地面塌陷和水源污染问题已经显现，生态环境脆弱，植被破坏严重，是全国退耕还林重点区域。陕南作为国家南水北调的重要水源涵养地，承担着"一江清水送北京"的重任，地处秦巴腹地，区域内破碎断裂带较多，易发生滑坡、崩塌及泥石流等严重自然灾害。关中人口密集，大气、河流污染严重，雾霾天气频发。

目前，生态环境承载能力下降已经成为制约陕西省农牧业发展的一大瓶颈。随着全球气候变暖，极端天气和气候事件增加，农业灾害频繁发生，区域性、季节性、伴生性特征突出，加剧了粮食产量波动，年际间因灾造成的亩产相差60千克。

第4章　陕西省耕地利用现状分析

4.1　耕地及基本农田保护现状

《中共中央国务院关于加强耕地保护和改进占补平衡的意见》（2017年1月9日）指出，要牢牢守住耕地红线，确保实有耕地数量基本稳定、质量有所提升，稳步提高粮食综合生产能力，为确保谷物基本自给、口粮绝对安全提供资源保障。落实藏粮于地、藏粮于技战略，提高粮食综合生产能力，保障国家粮食安全。陕西省2015年出台的《陕西省耕地质量保护办法》明确耕地保护不仅是数量保护，更应该注重质量保护。

4.1.1　耕地保护现状

1. 耕地结构分布

截至2019年，陕西省耕地总面积397.68万公顷，按当年常住人口计算，人均耕地面积为1.54亩。其中陕南地区耕地面积89.429万公顷，陕北地区耕地面积141.889万公顷，关中地区耕地面积166.325万公顷，占比分别为22.49%、35.69%和41.82%。

2019年，陕西省共有旱地203.025万公顷，占耕地总面积的67.44%，在各地均有分布，主要分布在黄土丘陵沟壑区和长城沿线风沙，以榆林市最多，占陕西省旱地总面积的35.32%；共有水浇地85.186万公顷，占耕地总面积的28.3%，水浇地各地市均有分布，主要分布在关中地区,陕北黄河沿岸也有少量分布,其中渭南市最多,面积25.853万公顷,占陕西省水浇地总面积的30.35%;共有水田12.841万公顷,在各地均有分布,其中汉中市最多,面积9.763万公顷,占陕西省水田总面积的76.03%。陕西省耕地总面积最多的城市是榆林市,面积93.183万公顷,占陕西省耕地总面积的30.95%(见表4-1)。

表4-1　　　　　　陕西省2019年各市(区)耕地结构　　　　单位:万公顷

分区	行政区域	旱地	水浇地	水田	合计
关中	宝鸡市	15.680	12.027	0.016	27.723
	铜川市	8.830	0.339	0.009	9.178
	渭南市	13.548	25.853	0.828	40.229
	西安市	4.188	10.221	0.025	14.434
	咸阳市	16.263	13.413	0.007	29.683
	韩城市	0.071	0.369	0.011	0.451
	杨凌示范区	0.001	0.285	0.000	0.286
	小计	58.581	62.507	0.896	121.894
陕北	延安市	25.913	0.453	0.054	26.420
	榆林市	71.708	21.146	0.329	93.183
	小计	97.621	21.599	0.383	119.603
陕南	安康市	17.283	0.083	1.786	19.152
	汉中市	16.302	0.703	9.763	26.768
	商洛市	12.738	0.294	0.013	13.045
	小计	46.823	1.080	11.562	59.465
合计		203.025	85.186	12.841	301.052

资料来源:根据《陕西统计年鉴》相关资料整理。

2. 耕地坡度分布

截至2017年,陕西省耕地坡度分为五个等级,其中≤2°的耕地面积为132.373万公顷,占陕西省耕地总面积的33.10%;2°~6°的耕地面积为51.837万公顷,占陕西省耕地总面积的12.96%;6°~15°的耕地面积为70.908万公顷,占陕西省耕地总面积的17.73%;15°~25°的耕地面积为50.644万公顷,占陕西省耕地总面积的12.66%;>25°的耕地面积为

94.175 万公顷，占陕西省耕地总面积的 23.55%。

　　结合梯田建设、水土流失以及生态退耕等相关要求，将坡度划分为 ≤ 6°、6°~25° 以及 >25° 三个类别进行统计分析。≤6° 耕地面积为 184.21 万公顷，占耕地总面积的 46.06%，主要分布在关中地区的西安市、宝鸡市、渭南市和咸阳市大部分区县，少量分布在陕南地区的汉中市汉台区、城固县、南郑区、勉县以及陕北地区的榆林市定边县、靖边县、榆阳区和神木市；6°~25° 耕地面积为 121.552 万公顷，占耕地总面积的 30.39%，整体布局较分散，其中 6°~15° 耕地基本分布在 ≤6° 耕地周边，15°~25° 耕地基本布局在陕北陕南地区；>25° 耕地面积为 94.175 万公顷，占耕地总面积的 23.55%，分布相对集中，主要在陕北地区榆林市清涧县、子洲县、绥德县、吴堡县以及陕南地区安康市紫阳县、白河县、旬阳市，汉中市宁强县、略阳县等地（见表 4-2）。

表 4-2　　　　陕西省 2017 年各市（区）耕地坡度　　　单位：万公顷

分区	行政区域	≤2°	2°~6°	6°~15°	15°~25°	>25°	合计
关中	宝鸡市	14.080	5.169	8.333	4.492	4.067	36.141
	铜川市	0.729	2.542	4.935	0.947	0.654	9.807
	渭南市	41.297	9.013	4.613	0.653	0.961	56.537
	西安市	20.547	2.754	2.907	1.063	1.164	28.435
	咸阳市	20.947	9.042	3.491	1.048	1.087	35.615
	韩城市	0.843	0.205	0.089	0.022	0.081	1.239
	杨凌示范区	0.501	0.033	0.007	0.001	0.001	0.544
	小计	98.944	28.758	24.375	8.226	8.015	168.318
陕北	延安市	2.695	6.139	9.898	8.902	9.412	37.045
	榆林市	22.402	12.110	22.722	14.623	32.851	104.709
	小计	25.097	18.249	32.620	23.525	42.263	141.754
陕南	安康市	0.898	0.915	3.587	8.615	20.140	34.155
	汉中市	6.685	2.844	6.350	6.363	13.379	35.621
	商洛市	0.749	1.071	3.976	3.915	10.378	20.089
	小计	8.332	4.830	13.913	18.893	43.897	89.865
合计		132.373	51.837	70.908	50.644	94.175	399.937

资料来源：根据《陕西统计年鉴》和陕西省统计局网站整理。

3. 耕地质量分布

根据《农用地质量分等规程》（GB/T 28407—2012）、《农用地定级规程》（GB/T 28405—2012）和《农用地估价规程》（GB/T 28406—2012）三项国家标准评定，陕西省耕地质量等别评价为：陕西省 4 等地 0.472 万公顷，5 等地 3.998 万公顷，6 等地 11.823 万公顷，7 等地 20.406 万公顷，8 等地 30.697 万公顷，9 等地 24.943 万公顷，10 等地 25.481 万公顷，11 等地 43.298 万公顷，12 等地 71.038 万公顷，13 等地 88.028 万公顷，14 等地 76.849 万公顷。2014 年到 2015 新增耕地 0.905 万公顷，其中 4～8 等 0.075 万公顷，占新增耕地的 8.28%；9～12 等 0.575 万公顷，占新增耕地的 63.54%；13～15 等 0.255 万公顷，占新增耕地的 28.18%。

陕西省耕地质量等级共划分为 11 个等别，主要分布在 4～14 等之间。13 等地数量最多，占陕西省耕地总面积的 21.32%；4 等地最少，占陕西省耕地总面积的 0.12%。陕北地区耕地分布在 10～14 等之间，集中分布在 13 和 14 等；陕南地区耕地分布在 6～14 等之间，11～13 等相对较多；关中地区 4～14 等地均有分布，6～13 等分布相对均匀。

根据耕地质量等级调查与评定工作，按照 1～4 等、5～8 等、9～12 等、13～15 等划分为优等地、高等地、中等地和低等地。其中优等地 0.472 万公顷，占耕地总面积的 0.12%；高等地 68.999 万公顷，占耕地总面积的 17.25%；中等地 165.335 万公顷，占耕地总面积的 41.34%；低等地 165.133 万公顷，占耕地总面积的 41.29%。陕西省优等地和高等地偏少，仅占耕地总面积的 17.37%；而中等地和低等地数量较大，占耕地总面积 82.63%（见表 4－3）。

表 4－3 　　　　　　　陕西省各市（区）耕地质量等级　　　　　单位：万公顷

分区	行政区域	优等地	高等地	中等地	低等地	合计
关中	宝鸡市	0.000	9.097	17.788	9.255	36.140
	铜川市	0.000	0.000	1.797	8.011	9.808
	渭南市	0.000	18.289	33.655	4.592	56.536
	西安市	0.472	16.528	11.364	0.072	28.436
	咸阳市	0.000	17.393	15.423	2.798	35.614

分区	行政区域	优等地	高等地	中等地	低等地	合计
关中	韩城市	0.000	0.019	1.019	0.201	1.239
	杨凌示范区	0.000	0.509	0.035	0.000	0.544
	小计	0.472	61.835	81.081	24.929	168.317
陕北	榆林市	0.000	0.000	13.486	91.227	104.713
	延安市	0.000	0.000	7.891	29.154	37.045
	小计	0.000	0.000	21.377	120.381	141.758
陕南	安康市	0.000	0.595	31.145	2.413	34.153
	汉中市	0.000	6.569	22.597	6.456	35.622
	商洛市	0.000	0.000	9.135	10.954	20.089
	小计	0.000	7.164	62.877	19.823	89.864
合计		0.472	68.999	165.335	165.133	399.939

资料来源：根据《陕西统计年鉴》和陕西省统计局网站整理。

4.1.2　基本农田保护现状

根据 1994 年国务院颁布的《基本农田保护条例》、1998 年的《基本农田保护条例》以及相关政策，基本农田内涵包括三方面内容：一是基本农田是优质耕地，二是规划期内基本农田要保障一定的数量指标，三是基本农田禁止占用。从党的十七届三中全会提出的永久基本农田划定，到 2016 年国土资源部和农业部联合决定全面开展永久基本农田划定，永久基本农田已上升为耕地保护的国家战略。永久基本农田的内涵可以理解为优质、连片、永久、稳定的耕地；其特性是既具有良好耕地质量条件，又具有较优立地环境条件；基本农田保护以开展基本农田数量、质量、生态条件保护等为主。

基本农田保护主要有以下两个阶段：第一个阶段是根据国土资源部、农业部《关于划定基本农田实行永久保护的通知》要求，依据新一轮土地利用总体规划开展工作，落实 352.367 万公顷基本农田划定任务；第二个阶段是根据国土资源部、农业部《关于进一步做好永久基本农田划定工作的通知》和国土资源部办公厅、农业部办公厅《关于切实做好 106 个重点城市周边永久基本农田划定工作有关事项的通知》等部署要求，陕西省国土资源厅和陕西省农业厅联合发文，确定开展陕西省土地利用总体规划调整完善及永久基本农田划定工作，要按照"布局基本稳定、数量不减少、质量有提高"的要求，突出"两个优先"（即将城镇周边、交通沿线和质量等别高的优质耕地优先划入基本农田，将已建成的高标准农田优先划入基本农田）。

通过开展陕西省永久基本农田划定工作，实际划定永久基本农田保护面积 306.345 万公顷，将陕西省土地利用总体规划（2006~2020 年）调整完善确定的陕西省 306 万公顷基本农田保护任务落实到用途分区和图斑地块。

根据《陕西统计年鉴》和陕西省统计局相关数据，陕西省实际划定永久基本农田的耕地质量等级的平均等为 11.24，相比调整前有所提高。其中陕南划定永久基本农田 63.23 万公顷，占陕西省永久基本农田面积的 20.64%，耕地质量平均等级为 11.27，低于陕西省平均等级；陕北划定永久基本农田 104.73 万公顷，占陕西省永久基本农田面积的 34.19%，耕地质量平均等级为 13.14，低于陕西省平均等级；关中划定永久基本农田 138.39 万公顷，占陕西省永久基本农田面积的 45.17%，耕地质量平均等级为 9.78，高于陕西省平均等级。总体而言，关中地区基本农田占比较高，质量较好。

4.1.3 高标准农田建设现状

高标准农田是指土地平整、土壤肥沃、集中连片、设施完善、农电配套、生态良好、抗灾能力强且与现代农业生产和经营方式相适应的旱涝保收、持续高产稳产的农田。高标准农田建设类型主要包括：原国土资源部门的高标准基本农田；原农业综合开发办公室的农业综合开发项目；原农业部门的高产创建项目、中低产田改造、高标准农田示范工程、国家现代农业示范区；水利部门的小型农田水利、旱涝保收标准农田和发改部门的千亿斤粮食项目等。

陕西省委、省政府高度重视农田基本建设。近年来，高标准农田建设力度不断加大，2015 年陕西省已建成高标准农田 62.73 万公顷，农田灌溉排水条件明显改善，土地整治及配套基础设施建设稳步推进。陕南地区建成农田 9.08 万公顷，占高标准农田总面积的 14.48%，陕北地区建成 7.64 万公顷，占高标准农田总面积的 12.18%，关中地区已建成农田 46.01 万公顷，占高标准农田总面积的 73.35%。高标准农田建成面积最多的是渭南市，为 21.74 万公顷，占陕西省高标准农田的 34.65%。通过农业部门认定为高标准农田的有 27.4 万公顷，通过国土部门主导建设的有 35.33 万公顷（见表 4-4）。

表 4-4　　　　陕西省各市（区）高标准农田建成情况

分区	行政区域	建成规模（万公顷）	占比（%）
关中	西安市	5.43	8.65
	宝鸡市	7.37	11.74
	咸阳市	9.08	14.48
	铜川市	1.34	2.14
	渭南市	21.74	34.65
	韩城市	0.71	1.13
	杨凌示范区	0.07	0.11
	西咸新区	0.15	0.24
	省农垦	0.13	0.21
	小计	46.01	73.35
陕北	延安市	3.07	4.90
	榆林市	4.57	7.28
	小计	7.64	12.18
陕南	安康市	2.99	4.77
	汉中市	4.24	6.76
	商洛市	1.85	2.94
	小计	9.08	14.47
合计		62.73	100.00

资料来源：根据《陕西统计年鉴》和陕西省统计局网站整理。

4.1.4　存在的主要问题

第一，耕地质量不高，优质耕地不断损失。陕西省耕地以旱地为主，

55

高产田面积比例仅为22%，中低产田面积比例占78%，整体质量较低。由于城市扩展、重大工程项目建设、农业产业内部结构调整等多方面原因，耕地不断被占用，且大多数占用的都是城镇周边优质耕地，而补充的耕地则存在占近补远、占肥补瘦、占优补劣等问题。虽然占补平衡政策能够使耕地数量基本稳定，但或多或少存在的占肥补瘦等现象依然会导致优质耕地不断流失。耕地水土流失严重，土壤有机质下降，化肥增产效益下降，污染问题突出，土壤蓄水保墒能力低，耕地细碎化、一户多田情况比较普遍。

第二，耕地基础设施差。陕西省耕地有效灌溉面积121.933万公顷，仅占耕地面积的30.5%，仍有近七成的耕地没有灌溉水源或缺少基本灌排条件，现有的灌排设施配套差、标准低、效益衰减等问题突出，40%大型灌区骨干工程、49%中小型灌区及小型农田水利工程设施老化失修，大多灌排泵站带病运行、效率低下，农田水利的投入不足仍然是影响陕西省粮食生产的主要原因。

机耕道"窄、差、无"，农机"下地难"，现有机耕道设计不规范、标准低、养护差且损毁严重，难以满足大型现代农机作业的需要。1/2以上农田机耕道需修缮或重建，部分地区需修建比重在2/3以上。农田输配电设施建设滞后，灌溉排涝成本高、效率低。农田防护林网体系仍不完善，存在树种单一、林网残缺、结构简单等问题，整体防护效能不高，低质低效防护林带占40%以上。

第三，农民耕种积极性不高。据统计，研究期间不仅总耕地面积在不断减少，经济作物、蔬菜和果树面积的增加也造成粮食播种面积的急剧下降。2019年陕西省经济作物播种面积由2005年的97.2万公顷增至113.333万公顷，其中蔬菜面积从2005年的33.2万公顷增至2019年的50.733万公顷，瓜果面积从2005年的5.133万公顷增至2019年的7.667万公顷；粮食播种面积则由2005年的345.333万公顷减至2019年的299.867万公顷，共减少45.467万公顷，年均减少3.267万公顷。

受生产成本和价格补贴政策"双重"挤压，陕西省粮食生产比较效益低的问题愈加突出，所有作物纯收入低于百元甚至亏损。近年来，虽然国家对粮食市场进行调控，在稳定粮价、促进农民持续稳定增收等方面发挥了一定作用，但化肥、农药、种子、柴油等农业生产资料价格上涨较快，粮食农业生产劳务工费和粮食生产成本仍呈逐年增长态势，农民种粮比较收益偏低。

受机会成本上升影响，农村劳动力大量转移，粮食生产"副业化""兼业化"日趋普遍，生产管理粗放现象趋重，加之种粮成本攀升，新生代农民对种粮的积极性不高，也对保障粮食安全造成潜在威胁。

第四，耕地管护长效机制有待完善。过去农田"重建设、轻管护"的现象较为普遍，田间工程设施产权不清晰，耕地质量监测和管理手段薄弱，建后管护责任和措施落实不到位等问题突出。有的项目竣工移交后，设备损毁且得不到及时有效的修复；有的项目建成后没有划入基本农田实行永久保护；还有项目对已建成农田的用途和效益统计监测工作不到位。

4.2 耕地变化的区域差异分析

4.2.1 耕地数量变化的区域差异分析

1991～2019 年，陕西省各市（区）耕地面积的变化情况见表 4-5。研究时段内，陕西省耕地面积总体减少 51.10 万公顷，各市（区）的耕地面积净变化量均为负值，变化幅度比较大，咸阳市耕地面积明显减少，2019 年比 1991 年减少了 15.79 万公顷，渭南市、延安市、榆林市和安康市的净变化量也比较大，耕地净减少面积都在 7 万公顷以上。

表 4-5　　陕西省各市（区）1991～2019 年耕地面积变化情况统计　单位：万公顷

年份	陕西省	西安市	铜川市	宝鸡市	咸阳市	渭南市	延安市	汉中市	榆林市	安康市	商洛市	杨凌示范区
1991	352.10	32.81	7.84	37.65	47.75	59.74	32.19	26.37	64.95	27.01	14.82	—
1992	348.80	32.35	7.81	37.15	47.12	59.18	31.95	26.17	64.69	26.59	14.77	—
1993	345.90	31.94	7.74	36.48	46.48	58.65	31.78	26.02	64.61	26.45	14.77	—
1994	342.10	31.43	7.66	35.73	45.71	57.71	31.55	25.85	64.49	26.33	14.73	—
1995	339.30	30.93	7.58	35.25	45.33	56.75	31.32	25.78	64.61	26.19	14.73	—
1996	335.90	30.10	7.45	34.92	45.07	55.86	30.99	25.39	64.61	25.97	14.70	—

续表

年份	陕西省	西安市	铜川市	宝鸡市	咸阳市	渭南市	延安市	汉中市	榆林市	安康市	商洛市	杨凌示范区
1997	332.50	30.44	7.40	34.61	43.47	55.07	30.90	25.18	64.29	25.64	14.64	—
1998	330.30	30.34	7.35	34.61	41.75	54.61	30.85	24.94	64.06	25.34	14.90	0.52
1999	323.80	30.05	7.20	34.53	41.54	54.47	28.45	24.30	62.53	24.41	14.81	0.51
2000	311.40	29.56	7.01	33.38	40.79	53.46	25.65	23.16	59.64	22.59	14.65	0.50
2001	296.60	28.78	6.44	32.37	40.15	52.75	24.33	22.26	52.34	21.18	14.47	0.50
2002	285.50	28.30	6.49	29.90	37.86	52.78	24.90	20.37	50.46	19.94	13.01	0.50
2003	279.60	27.59	6.37	29.37	37.03	51.81	23.68	20.30	50.04	19.17	12.83	0.50
2004	279.60	26.99	6.40	30.75	36.98	51.47	22.89	20.28	50.12	19.44	12.80	0.50
2005	278.90	26.68	6.43	30.51	36.90	51.48	23.36	20.22	50.07	19.24	12.93	0.48
2006	278.30	26.39	6.45	30.66	35.85	51.31	23.19	20.02	51.13	19.22	12.80	0.44
2007	284.10	26.12	6.39	31.12	36.00	51.79	23.14	20.10	55.99	19.15	12.99	0.43
2008	284.80	26.05	6.20	31.15	35.79	51.92	23.12	20.24	56.61	19.32	13.11	0.42
2009	286.00	25.86	6.26	30.90	35.86	52.01	23.35	20.30	57.35	19.43	13.16	0.63
2010	286.10	25.55	6.27	30.68	35.93	52.10	23.46	20.36	57.43	19.55	13.23	0.61
2011	286.10	25.14	6.33	30.57	35.93	52.17	23.53	20.46	57.50	19.71	13.32	0.58
2012	286.40	24.66	6.46	30.00	35.96	52.15	24.04	20.53	58.06	19.79	13.36	0.57
2013	287.10	24.42	6.47	30.00	35.69	51.94	24.06	20.51	59.49	19.78	13.34	0.56
2014	286.60	24.05	6.46	29.84	35.40	51.11	24.49	20.52	60.26	19.73	13.34	0.55
2015	290.40	23.79	6.47	29.73	35.12	50.53	24.72	20.41	65.37	19.64	13.36	0.55
2016	291.50	23.12	6.72	29.60	34.98	51.82	24.59	20.38	68.55	19.62	13.36	0.54
2017	301.40	24.96	6.85	29.45	31.86	51.24	25.54	21.02	78.83	19.53	13.37	0.52
2018	301.50	24.51	6.94	29.38	31.88	51.03	26.14	21.14	78.87	19.34	13.40	0.51
2019	301.00	24.09	7.16	29.17	31.96	50.51	26.14	21.24	79.16	19.36	13.40	0.50

资料来源：根据《陕西统计年鉴》（1992~2020）相关资料整理。

　　延安市自 1999 年以来全市耕地面积大幅度下降，造成这一现象的主要原因是国家退耕还林政策的实施。二十年来延安市退耕还林面积约占陕西省退耕还林总面积的三分之一。榆林市地处陕西省最北部的干旱和半干旱地区，是我国土地退化、荒漠化等问题较为严重的区域之一。虽然耕地数量减少较明显的咸阳市、渭南市和安康市的自然条件相对优越，但因城镇化进程加快以及退耕还林等因素的影响，也出现了耕地面积大幅减少的情况。杨凌示范区的耕地面积减少数量最小，仅为 0.099 万公顷，它作为我国唯一的农业高新技术产业示范区，自 1997 年成立以来发展十分迅速，且该示范区面积较小，区内耕地数量有限，因此耕地面积减少量为陕西省最低，但从耕地的相对变化率角度来看，其耕地面积减少的速度却非常快。

4.2.2 耕地资源数量变化速度的区域差异分析

区域土地资源数量的变化情况可以通过土地利用动态度进行计算，从定量的角度对区域土地利用变化的速度进行描述。

单一土地利用类型动态度表示的是某一区域在一定的时间范围内，某种土地利用类型数量变化的具体情况，其表达式为：

$$K = \frac{A_j - A_i}{A_i} \times \frac{1}{n} \times 100\% \qquad (4-1)$$

式中，K 为研究区域在研究时段内的耕地动态度，A_i 为研究期初耕地面积，A_j 为研究期末耕地面积，n 为研究时段。当 $K > 0$ 时，表示耕地的数量在增加，当 $K < 0$ 时，说明耕地的数量在减少。

4.2.3 耕地相对变化率的区域差异分析

耕地的相对变化率能够反映出耕地利用变化的区域差异，某一研究区域耕地相对变化率的计算公式为：

$$R = \frac{K_j / K_i}{C_j / C_i} \qquad (4-2)$$

式 4-2 中，K_j 表示某一研究区研究末期耕地的面积；K_i 表示某一研究区研究初期耕地的面积；C_j 表示全研究区研究末期耕地的面积；C_i 表示全研究区研究初期耕地的面积。如果某一地区耕地的相对变化率大于 1，则该地区耕地变化较全研究区的变化大。

根据表 4-6，宝鸡市、渭南市、榆林市和商洛市的耕地相对变化率大于 1，表明这些地区的耕地变化幅度大于陕西省整体水平，其中商洛市最大，为 109.31%。西安市、铜川市和杨凌示范区的耕地相对变化率分别为

98.17%、97.83%和99.86%,这三个市(区)的耕地变化幅度接近于陕西省整体水平。

表4-6　　　陕西省各市(区)耕地动态度及相对变化率分析

地区	耕地面积净变化量 (万公顷)	耕地动态度 (%)	耕地相对变化率 (%)
陕西省	-61.709	-1.060	—
西安市	-9.013	-1.140	98.170
铜川市	-1.365	-1.160	97.830
宝鸡市	-7.917	-0.960	102.300
咸阳市	-12.626	-1.390	92.660
渭南市	-9.208	-0.730	107.440
延安市	-7.476	-1.570	88.770
汉中市	-5.966	-1.290	94.860
榆林市	0.4230	-0.710	107.750
安康市	-7.371	-1.580	88.440
商洛市	-1.462	-0.640	109.310
杨凌示范区	-0.099	-1.750	99.860

资料来源:笔者自制。

4.3　耕地利用过程中存在的主要问题

2019年末,陕西省耕地面积为301.1万公顷,人均耕地面积0.0777公顷。陕西省旱作农业在耕地总量中所占比重较大,高产稳产田面积较少,有效灌溉面积128.743万公顷,占播种面积的30.12%,水资源利用率达到49%。陕西省人均耕地低于全国平均水平,由于耕地质量差,自然灾害频繁,粮食生产形势依然严峻。陕西省耕地利用过程中存在的问题主要有以下几个方面(本节数据均根据《陕西统计年鉴》相关资料整理)。

一是耕地数量少且分布不均衡。根据1990~2019年陕西省耕地面积相关资料,1990年陕西省耕地面积为353.263万公顷,人均耕地面积

0.107 公顷，尽管通过对耕地后备资源的开发整理增加了部分耕地，但2019 年耕地面积比 1990 年仍净减少 52.213 万公顷。目前陕西省拥有耕地资源 301.052 万公顷，人均耕地低于全国平均水平，若按农业人口计算，人均耕地仅为 0.167 公顷。人口增加与耕地面积不断减少的现实问题将促使耕地的供需矛盾在今后一段时期更加突出。另外，自然条件和历史发展等因素也导致耕地分布极不均衡。关中地区土地面积占陕西省土地总面积的 26.96%，却集中了近 52.73% 的耕地，这一地区地势平坦，土壤肥沃，水利条件好，有效灌溉的耕地面积占全省 80% 以上。陕南地区土地面积占全省土地总面积的 34.1%，全区由山区、丘陵、盆地等组成，耕地主要以中低产田为主。陕北地区土地面积占全省土地总面积的 38.94%，丘陵沟壑面积大，水土流失严重，耕地贫瘠，作物复种指数较低。

二是坡耕地和中低产田面积大，耕地基础肥力较差，宜耕后备资源缺乏。陕西省是一个地形相对复杂的省份，由平原、丘陵、山区和沙漠化地带构成。2017 年坡度 ≥15° 的坡耕地占耕地面积的 40.8%，15°～25° 的坡耕地占耕地面积的 19.45%，大于 25° 的陡坡耕地占 21.35%。受地形地貌、气候、土壤、耕作栽培技术等因素的影响，耕地质量总体水平并不高，此外还有近 20% 的不宜耕地，主要位于坡度大于 25° 并且没有经过整治的陡耕地。这些耕地土层较浅，土壤的保水保肥能力较差，水土流失问题严重，并且极易遭到自然灾害的影响，主要分布在陕北的榆林市和延安市以及陕南秦巴山区的汉中市、安康市和商洛市。由此可见，陕西省高产稳产田所占比例较低，中低产田面积较大，约占陕西省耕地面积的一半以上，这部分耕地生产水平低且较不稳定。根据全国第二次土壤普查结果，采用耕地质量系数法对耕地质量评价的结果与适宜性评价相同，陕西省水田耕地土壤质量系数处于 0.52～0.92，旱地多在 0.8 以下，其中一半以上的耕地土壤质量系数小于 0.7，属于 4～9 等的中低质量等级耕地。

2019 年陕西省耕地复种指数达 1.5007，比 1990 年增加了 0.125。对耕地的过度利用，不注意耕地的地力培肥，造成耕地的养分入不敷出，使得耕地施肥量不足以弥补作物对养分的吸收，导致耕地肥力下降。据土壤肥力监测结果，陕西省耕地中有 50% 少氮，58% 缺钾，72% 缺钼，77% 缺锌，99% 缺硼，耕地基础肥力较差，有机质含量普遍较低。据统计，陕西省耕地土壤耕层有机质含量约有一半的面积在 10 克/千克左右，1/3 的面积低于 10 克/千克，只有 1/6 的面积在 20 克/千克以上。陕西省耕地缺磷的占 80%。从各县的速效磷平均值看，严重缺磷的县（市）有 30 个，耕地面积约占陕西省耕地总面积的 50%。同时，施肥方式不当，重化肥、轻有机肥，在化肥的施用上缺乏科学性和针对性，化肥利用率仅为 30% 左右，致使土壤板结、酸化。另外，陕西省平原地区的耕地资源基本已开垦到极限，继续开发的潜力并不多。现有的耕地后备资源大多数分布在土壤、气候和交通条件相对较差的陕北黄土高原地区和陕南的秦巴山区，这些地区的耕地开发难度较大，需要大量投资，短时间内很难取得较好的经济效益。这些地区自 1999 年陕西省实施退耕还林政策以来，可供开发的耕地资源进一步减少。因此，陕西省人均耕地面积偏小、耕地资源紧缺的状况将在相当长的时间内持续下去。

三是农业基础设施投资减少，耕地质量下降。自 20 世纪 80 年代初土地包产到户以后，一些政府部门存在轻农行为，对耕地统筹使用和规划指导较弱，对水利设施和水土治理投入较少。水土流失、土地板结、耕层变浅、土壤酸化、环境污染等现象大量存在。近年来耕地占补平衡中的"占优补劣"也加速了耕地质量的下降和耕地污染面积的扩大。随着陕西省人口增长，农村工业化、城镇化建设和"西部大开发"战略的实施，耕地面积也将不断减少，如不加以有效控制，将会影响区域粮食安全。

四是非农建设占用耕地逐年加大，土地供需矛盾日益突出。由于近年来陕西省经济增长速度和产业结构调整步伐加快，与之相对应的耕地利用方式变化也非常迅速。目前陕西省正处于第二、第三产业平稳期，经济建设对耕地的占用数量将会逐年增加，耕地非农化现象将趋于普遍。一些经济较发达地区扩张增量式发展将导致集中连片的耕地大量被占用，以上这些都将加剧陕西省土地供需矛盾。

五是耕地利用变化诱因呈现动态性与区域性。在区域社会经济发展的不同阶段，耕地利用变化的因素有着不同程度的作用。1999～2019 年耕地面积年度变化情况的统计结果表明，建设占用耕地呈现前期下降，后期波段上升的趋势，生态退耕与农业结构调整呈现先递增后递减的趋势；就各区域而言，不同地域和区位的耕地利用变化过程和特点是有差异的，耕地利用变化的主要驱动因素也是有差异的。关中地区城市化的诱因对耕地的减少起主导作用，陕北和陕南地区主要受生态退耕与农业结构调整的影响，表现为耕地向其他农用地及建设用地转变。

六是耕地污染状况日趋严重。近年来城市、农村和工业垃圾、污水对耕地的污染日趋严重，一些城市和工矿企业周边的耕地受"三废"污染较为严重，部分污水和废物直接排入农田，造成耕地土壤中重金属和有毒有机物含量超标；农用化学物质大量使用，农药、化肥、地膜残留过多，引起耕地土壤理化性质发生变化，造成耕地质量退化。2019 年化肥施用量（折纯量）达 202.52 万吨，位居全国前列，主要以氮肥为主，达到 80.36 万吨。陕西省氮肥的平均利用率只有 40% 左右，大量的氮肥经淋溶、挥发等途径流失到水体和空气之中，携带大量氨氮和硝酸盐氮的农田径流进入水体后导致水体富营养化，造成江河和塘库水体的非点源污染和部分地区饮用水源的水质恶化，直接影响水资源的利用价值。此外，不合理施用化肥还造成土壤表层板结、土壤酸化等问题。

2019 年陕西省农药使用量达 12240 吨，农药使用量递增速度很快，但利用率只有 30% 左右。农药的不合理施用不仅难以达到防治病虫害的目的，反而使病虫害的天敌大量减少，加剧病虫害的发生，进而使得农田受灾面积扩大，既造成了农业生产成本的不断上升，又加剧了对农业生态环境的污染，而且过量施用农药导致农副产品中有毒物质含量大大超标，直接危害人们的身体健康和生命安全。

2019 年陕西省地膜覆盖面积达 42.521 万公顷，目前使用的地膜极难降解，大多残留于土壤中，既影响了土壤结构，也不利于耕作，还会加剧土壤污染。自 1990 年以来，由于工业和城市大量排放"三废"，污染从城市逐渐向农村扩展、蔓延。据统计资料显示，2019 年陕西省工业废水排放总量达 21722.42 万吨，工业废气排放总量 18386.05 亿立方米，工业固体废物产生量 11146.49 万吨，含有大量有毒物质的"三废"绝大部分未经处理直接或间接进入耕地环境，仅西安市耕地"三废"污染面积就达 0.36 万公顷以上。省内 80% 以上水域均受到不同程度的污染，大气中过量的二氧化硫造成严重的酸雨区，导致农田污染面积增加了 1.7 倍。

第 5 章 基于 DEA 方法的陕西省
耕地生产效率分析

通过对陕西省耕地生产力变化趋势、耕地变化的区域差异、耕地变化的原因、耕地利用现状等问题的分析，本书认为，陕西省耕地综合生产能力仍较低，随着社会经济发展水平的进一步提高，工业化、城镇化进程的逐步加快，有限的耕地资源将面临更大的威胁。因此，陕西省耕地生产效率具体处在何种水平、哪些因素在影响耕地资源的生产效率已经成为当前急切需要解决的问题。

在本章及第 6 章中将采用数据包络分析方法中的 BCC 模型以及 Malmquist 全要素生产率指数方法，分别从空间以及时间两个层面对陕西省耕地生产效率进行测算和分析。首先把陕西省作为研究整体，分析陕西省耕地生产效率的总体情况，之后与全国各省（自治区、直辖市）的耕地生产效率进行比较，最后进一步分析地市之间的效率差异。对陕西省耕地生产效率的测算和分析，不仅能够对之前一段时期的情况进行全面考察，同时又可以对投入冗余与产出不足的地市加以分析，为陕西省耕地生产效率的提高提供参考。

本章首先回顾了数据包络分析的基本方法，选取耕地生产效率测算的具体分析模型，并在相关研究的基础上确立耕地生产效率的投入产出指标体系，然后对陕西省耕地生产效率进行全面的测算与分析。

5.1 基于 DEA 方法的耕地生产
效率评价模型的选择

5.1.1 DEA 方法的基本原理

数据包络分析方法是美国著名运筹学家查恩斯等提出的一种效率评价方法。它运用线性规划方法构建观测数据的非参数分段曲面（或前沿），然后相对于这个前沿面计算决策单元的相对效率。DEA 方法将传统工程效率测算过程中使用的单项投入与单项产出的方法推广到了通过测算多项投入与多项产出来评价决策单元的相对有效性。DEA 方法一出现就以其独有的特点和优势受到了人们的关注，不论是在理论研究还是在实际应用方面都取得了多方面的成果，现已成为效率研究领域的重要分析工具和研究手段。

1957 年英国剑桥大学经济学家法雷尔在《生产效率测算》（*The Measurement of Productive Efficiency*）一文中首次提出了分段线性凸包的前沿估计方法，他通过设定最佳生产前沿（the best practice frontier）来判断决策单元（DMU）是否有效率。法雷尔从投入的角度给出了技术效率的定义：假设在生产技术和市场价格等条件都不变的条件下，按照既定的要素投入比例，生产一定产品需要的最小成本与实际成本的百分比即为技术效率。这个定义表达了生产活动接近生产前沿面（最小投入）的程度。法雷尔的效率评价理论主要基于以下三个基本假设：（1）生产前沿由有效率的决策单元组成，相对无效率的决策单元位于生产前沿之内；（2）决策单元的规模报酬为固定规模报酬（constant return to scale，CRS）；（3）生产前沿凸向原点，且每点斜率皆不为正。法雷尔利用非参数方法（non-parametric approach）评价效率的模式仅限于评价单一产出的生产主体，这一方法不受函数形式限制，也不需要估计生产函数的参数，但在分析两个或两个以上产出的情况时却相当困难。在法雷尔提出这一理论之后的 20 多年里，只有为数不多的学者对这一方法进行了研究。直到 1978 年，查恩斯首次提出了数据包络分析方法，将法雷尔的相对效率评价理论延伸至多项投入、多项产出同类决策单元的有效性评价中，并给出了相对效率的评价方法，即第一个 DEA 模型——CCR 模型。自此以后，DEA 方法得到了广泛的关注，在方法理论与 DEA 方法的应用等方面均获得了长足的进展。

数据包络分析方法因其实用性以及模型不需要任何权重假设的特性受到了众多研究领域的关注，在短时期内得到了广泛的推广和应用，例如企业效率的评估、公共事业管理效率评价、区域经济发展状况分析等。最重要的是，DEA 方法不需要预先估计参数，因此在模型运行过程中避免了主观因素的影响，简化了计算方法，减小了误差。

5.1.2 基于 DEA 方法的效率评价模型

自第一个 DEA 模型——CCR 模型产生以来，人们对生产理论的认识不断清晰，并且为评价多目标问题提供了更加有效的方法，非参数方法也逐渐成为与参数方法并重的研究生产函数理论的主要方法。在此基础上，为适应不同条件和领域的需要，又派生出了许多新的 DEA 模型，主要有以下四种。（1）适应不同规模报酬的 DEA 模型。1984 年查恩斯在 CCR 模型的基础上，提出了规模报酬可变（variable return to scale，VRS）的 BCC 模型；法尔（Rire）和格罗斯克夫（Grosskopf）于 1985 年提出了满足规模报酬非递增的 FG 模型；西福特（Seiford）和思罗尔（Thrall）于 1990 年提出了满足规模报酬非递减的 ST 模型。（2）对权重改进的 DEA 模型。查恩斯等人于 1989 年提出了反映决策者偏好的 C^2WH 模型，该模型通过调整锥比率的方式达到反映决策者偏好的目的。（3）对决策单元改进的 DEA 模型。为解决无限多个决策单元的效率评价问题，查恩斯等人于 1986 年提出了半无限规划的 C^2W 模型。（4）综合 DEA 模型。随着 DEA 研究理论的不断深入，出现了一系列新的综合 DEA 模型，为 DEA 方法的应用提供了更加广阔的空间。

DEA 方法的优点在于可以使用多个投入和多个产出指标，由于本书的研究对象是耕地，使用 DEA 方法能够更加全面地反映出耕地的多功能特性，并对耕地利用非效率的区域提出改进方向。基于以上考虑，本书采用 DEA 模型进行效率分析。

在使用 DEA 方法测算效率时，需要对规模报酬是否可变进行假设。CCR 模型假设规模报酬不变（CRS），测度的是技术效率（TE_{CRS}），又称为综合技术效率，它衡量的是生产单位能够在何种程度上运用现有技术达到最大产出的能力，是生产绩效的集中体现，但这种假设与实际情况往往不符，当决策单元无效率时，除了可能由配置效率引起，还有可能是规模不合理造成的；而 BCC 模型假设规模报酬可变（VRS），扩展了 CCR 模型的使用范围，测度的是纯技术效率（PTE）与规模效率（SE）。

1. 规模报酬不变的 CCR 模型

假设有 n 个决策单元，简称 DMU，DMU_j（$j = 1,2,3,\cdots,n$），每个 DMU 都有 m 项投入 $x_j = (x_{1j}, x_{2j}, \cdots, x_{mj})$，$s$ 项产出 $y_j = (y_{1j}, y_{2j}, \cdots, y_{sj})$，它们分别表示"耗费的资源"和"工作的成效"。

将 DMU_i 的输入和输出记为向量形式：

$$x_j = (x_{1j}, \ x_{2j}, \ \cdots, \ x_{mj})^T, \ y_j = (y_{1j}, \ y_{2j}, \ \cdots, \ y_{sj})^T$$

记 $X = [x_1, x_2, \cdots, x_n]$，$Y = [y_1, y_2, \cdots, y_n]$

并称 X 为多指标输入矩阵，Y 为多指标输出矩阵。

设 $v = (v_1, \ v_2, \ \cdots, \ v_m)^T$ 和 $u = (u_1, \ u_2, \ \cdots, \ u_s)^T$ 分别是输入和输出的权向量，则 DMU_j 的总输入 I_j 和总输出 O_j 分别为：

$$I_j = v_1 x_{1j} + v_2 x_{2j} + \cdots + v_m x_{mj} = x_j^T v$$

$$O_j = u_1 y_{1j} + u_2 y_{2j} + \cdots + u_s y_{sj} = y_j^T u$$

显然，总输入 I_j 越小，总输出 O_j 越大，则 DMU_j 的效率越高。为此，DEA 用总输入与总输出之比来衡量 DMU_j 的有效性。

$$h_j = \frac{O_j}{I_j} = \frac{y_i^T u}{x_i^T v} = \frac{\sum_{r=1}^{s} u_r \, y_{rj}}{\sum_{i=1}^{m} v_i \, x_{ij}} \qquad (5-1)$$

$$i = 1,2,\cdots,m, \ j = 1,2,\cdots,n, \ r = 1,2,\cdots,s.$$

h_j 称为 DMU_j 的效率评价指数。可以适当选取权系数 v 和 u，使其得以满足：$h_j \leqslant 1$。

现在，对第 j_0 个决策单元进行效率评价（$1 \leqslant j_0 \leqslant n$），以权系数为变量，以第 j_o 个决策单元的效率指数为目标，以所有的决策单元（也包括第

j_0 个决策单元）的效率指数为约束，形成下列最优模型（记为：$x_0 = x_{j0}$，$y_0 = y_{j0}$）：

$$(I)\begin{cases} \max h_{j0} = \sum_{r=1}^{s} u_r\,y_{r0} \Big/ \sum_{i=1}^{m} v_i\,x_{i0} \\ s.t.\ (\sum_{r=1}^{s} u_r\,y_{rj})/(\sum_{i=1}^{m} v_i\,x_{ij}) \leqslant 1, j = 1,2,\cdots,n \\ v = (v_1,v_2,\cdots,v_m)^T \geqslant 0 \\ u = (u_1,u_2,\cdots,u_r)^T \geqslant 0 \end{cases} \quad (5-2)$$

式中，$v \geqslant 0$ 表示对 $i = 1$，2，$\cdots$，m，$v_i \geqslant 0$，并且至少存在某 i_0（$1 \leqslant i_0 \leqslant m$），使 $v_{i0} \geqslant 0$；对 $u \geqslant 0$ 有与 $v \geqslant 0$ 类似的含义。

利用上述模型来评价决策单元 j_0 是否有效是相对于所有决策单元而言的。使用矩阵符号，即：

$$(P)\begin{cases} \max h_{j0} = u^T y_0 / v^T x_0 \\ s.t.\ u^T y_j / v^T x_j \leqslant 1, j = 1,2\cdots,n \\ v \geqslant 0 \\ u \geqslant 0 \end{cases} \quad (5-3)$$

DEA 有效性判断：若线性规划（P）的最优解 $h_{jo} = 1$，则称决策单元 j_0 为弱 DEA 有效；若存在 $v^* > 0$，$u^* > 0$，且 $h_{jo} = 1$，则称决策单元 j_0 为 DEA 有效。

这是一个分式规划问题，可将其化为一个等价的线性规划问题。令：

$$t = \frac{1}{v^T x_0}, \omega = t \cdot v, \mu = t \cdot u$$

则（P）可以转化为下列线性规划问题：

$$(P_{CCR})\begin{cases} \max h_{j0} = \mu^T y_0 \\ s.t.\ \omega^t \cdot X_j\ \ \mu^T\ y_j \geqslant 0, j = 1,2, \quad ,n \\ \omega^T \cdot x_0 = 1 \\ \omega \geqslant 0, \mu \geqslant 0 \end{cases}$$

线性规划（P_{CCR}）的对偶规划为：

$$(D_{CCR}) \begin{cases} \min\theta \\ s.\,t.\ \displaystyle\sum_{j=1}^{n} x_j\,\lambda_j \leqslant \theta\,x_0 \qquad\qquad j=1,2,\cdots,n \\ \displaystyle\sum_{j=1}^{n} y_j\,\lambda_j \geqslant y_0 \\ \lambda_j \geqslant 0 \end{cases}$$

为了使用对偶线性规划（D_{CCR}）来判断决策单元 j_0 的 DEA 有效性，在这里引入松弛变量 s^- 和剩余变量 s^+：

$$s^+ = (s_1^+, s_2^+, \cdots, s_s^+)^T \in E_s$$
$$s^- = (s_1^-, s_2^-, \cdots, s_m^-)^T \in E_m$$

得到下列线性规划：

$$(D_{CCR}^1) \begin{cases} \min\theta \\ s.\,t.\ \displaystyle\sum_{j=1}^{n} x_j\,\lambda_j + s^- = \theta\,x_0 \\ \displaystyle\sum_{j=1}^{n} y_j\,\lambda_j - s^+ = y_0 \qquad\qquad j=1,2,\cdots,n \\ \lambda_j \geqslant 0 \\ s^- \geqslant 0, s^+ \geqslant 0 \end{cases}$$

引入非阿基米德无穷小的概念，可以将模型（D_{CCR}^1）等价化为在实际评价中常用的线性规划模型：

$$(D_\varepsilon) \begin{cases} \min\theta - \varepsilon(\hat{e}^T s^- + e^T s^+) \\ s.\,t.\ \displaystyle\sum_{j=1}^{n} x_j\,\lambda_j + s^- = \theta\,x_0 \\ \displaystyle\sum_{j=1}^{n} y_j\,\lambda_j - s^+ = y_0 \qquad\qquad j=1,2,\cdots,n \quad (5-4) \\ \lambda_j \geqslant 0 \\ s^- \geqslant 0, s^+ \geqslant 0 \end{cases}$$

式中，$\hat{e}^T = (1,1,\cdots,1) \in E_m$，$e^T = (1,1,\cdots,1) \in E_s$，$\varepsilon$ 为非阿基米德无穷小量。

借助对偶规划来判断决策单元 j_0 的有效性，可以根据下方的基本定理：

（1）DMU_{j0}为弱 DEA 有效的充分必要条件是规划（D_{ε}）的最优值 $\theta^{*}=1$。

（2）DMU_{j0}为 DEA 有效的充分必要条件是规划（D_{ε}）的最优值 $\theta^{*}=1$，并且对每个最优解 λ^{*}、s^{*-}、s^{*+}都有 $s^{*-}=0$，$s^{*+}=0$。

CCR 模型测度的效率值是综合技术效率（TE），其 DEA 有效性可以分为以下三种情况。

（1）当 $\theta^{*}=1$，并且 $s^{*-}=0$，$s^{*+}=0$ 时，则称决策单元 DMU_{j0}为 DEA 有效。在这种情况下，决策单元 DMU_{j0}既是规模有效，同时又是技术有效。这表明在这 n 个决策单元组成的经济系统中，决策单元 DMU_{j0}的生产要素组合已经达到最佳，从产出角度来看也取得了最佳的效果。

（2）当 $\theta^{*}=1$，并且 $s^{*-}\neq0$，$s^{*+}\neq0$ 时，则称决策单元 DMU_{j0}为弱 DEA 有效。在这种情况下，决策单元 DMU_{j0}或者不是规模上有效，或者不是技术上有效。对决策单元 DMU_{j0}而言，投入 x_0 可减少 s^{*-} 而保持原有产出 y_0 不变，或者是在投入 x_o 不变的情况下使产出 y_o 提高 s^{*+}。

（3）当 $\theta^{*}<1$ 时，则称决策单元 DMU_{j0}为非 DEA 有效。此时表明决策单元 DMU_{j0}既在规模上无效，又在技术上无效。由这 n 个决策单元组成的经济系统中，DMU_{j0}可以通过组合将投入降低至原来的通入水平 x_0 的 θ 比例，同时保持原来的产出水平 y_0 不变。

2. 规模报酬可变的 BCC 模型

在实际的农业生产过程中，由于土地规模报酬递减规律，在一定的技术条件下，随着土地投入的增加，产出物也呈现增加的趋势，当达到一定量以后，产出物就会呈现递减的趋势，因此仅使用 CCR 模型来测度决策单元的效率不足以满足实际情况的需要。鉴于这种情况，1984 年班克、查尔斯和库伯在 CCR 模型的基础上提出了一种基于规模报酬可变假设基础上的 DEA 模型—BCC 模型。BCC 模型放弃了 CCR 模型中规模报酬不变的假设，测度的是决策单元在规模报酬可变条件下的技术效率。BCC 模型的形式如下：

假设有 n 个决策单元，简称 DMU，DMU_{j}（$j=1,2,3,\cdots,n$），每个 DMU 都有 m 项投入 $x_{j}=(x_{1j},x_{2j},\cdots,x_{mj})$，$s$ 项产出 $y_{j}=(y_{1j},y_{2j},\cdots,y_{sj})$，其中，$x_{j}>0$，$y_{j}>0$，$j=1$，2，$\cdots$，$n$，则 BCC 模型为：

$$(P_{BCC})\begin{cases} \max h_{j0} = \mu^T y_0 + \mu_0 \\ s.\,t.\ \ \omega^t \cdot X_j - \mu^T \cdot y_j - \mu_0 \geqslant 0, \qquad j = 1,2,\cdots,n \\ \omega^T \cdot x_0 = 1 \\ \omega \geqslant 0, \mu \geqslant 0 \end{cases}$$

线性规划（P_{BCC}）的对偶规划为：

$$(D_{BCC})\begin{cases} \min\theta \\ s.\,t.\ \ \displaystyle\sum_{j=1}^{n} x_j \lambda_j + s^- = \theta x_0 \\ \displaystyle\sum_{j=1}^{n} y_j \lambda_j - s^+ = y_0 \qquad j = 1,2,\cdots,n \\ \displaystyle\sum_{j=1}^{n} \lambda_j = 1 \\ s^- \geqslant 0, s^+ \geqslant 0, \lambda_j \geqslant 0 \end{cases}$$

当引进非阿基米德无穷小量 ε 后，能够得到下列线性规划：

$$(D_\varepsilon)\begin{cases} \min\theta - \varepsilon(\hat{e}^T s^- + e^T s^+) \\ s.\,t.\ \ \displaystyle\sum_{j=1}^{n} x_j \lambda_j + s^- = \theta x_0 \\ \displaystyle\sum_{j=1}^{n} y_j \lambda_j - s^+ = y_0 \qquad j = 1,2,\cdots,n \qquad (5-5) \\ \displaystyle\sum_{j=1}^{n} \lambda_j = 1 \\ s^- \geqslant 0, s^+ \geqslant 0, \lambda_j \geqslant 0 \end{cases}$$

式中，$\hat{e}^T = (1,1,\cdots,1) \in E_m$，$e^T = (1,1,\cdots,1) \in E_s$，$\varepsilon$ 为非阿基米德无穷小量，线性规划 D_ε 的最优解为 λ^0，s^{-0}，s^{+0}，θ^0，则有：

（1）若 $\theta^0 = 1$，则决策单元 DMU_{j0} 为弱 DEA 有效（BCC）；

（2）若 $\theta^0 = 1$，并且 $s^{-0} = 0$，$s^{+0} = 0$，则决策单元 DMU_{j0} 为 DEA 有效（BCC）。

3. 规模效率的计算

图 5-1 绘制出了单一投入、单一产出条件下的 CCR 模型和 BCC 模型的前沿。

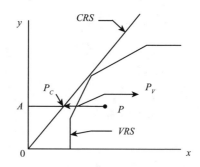

图 5 - 1 DEA 中规模报酬不变与规模报酬可变分析

资料来源：笔者自绘。

在规模报酬不变（CRS）情形下，P 点投入导向的技术无效性是间距 PP_C。而在规模报酬可变（VRS）情形下，P 点投入导向的技术无效性是间距 PP_V。由于存在规模无效性，所以这两种技术效率之间的差距为 $P_C P_V$。其效率之间的比率测量形式如下：

$$TE_{CRS} = AP_C/AP$$
$$TE_{VRS} = AP_V/AP$$
$$SE = AP_C/AP_V$$

式中，TE_{CRS}、TE_{VRS}、SE 三个指标的取值范围均在 0 到 1 之间，由于：

$$AP_C/AP = (AP_V/AP) \times (AP_C/AP_V)$$

所以：

$$TE_{CRS} = TE_{VRS} \times SE \qquad (5-6)$$

因此，可以将规模报酬不变的技术效率分解成纯技术效率（pure technical efficiency，PTE）与规模效率（scale efficiency，SE）两个部分。

（1）技术效率（technical efficiency，TE）是用来衡量生产者在现有技术水平下，获得最大产出或投入最小成本的能力，表示生产者的实际生产活动接近 DEA 前沿面的程度，即反映了现有技术的发挥程度。

耕地技术效率是指某一时期内在一定的技术装备和要素投入条件下，耕地获得的实际产出与其最大可能产出的比率。

（2）纯技术效率反映的是在规模报酬可变的条件下，除了产出规模效率和产出可处置度以外，所有投入要素是否充分发挥了其生产潜能以及是否存在浪费现象，是对产出效率损失的度量。

耕地生产过程中的纯技术效率指的是耕地开发利用过程中对现有的农

业生产技术水平的发挥程度，如果在农业生产过程中现有的生产技术水平得到充分发挥，耕地资源被合理利用，则认为耕地生产的纯技术效率有效；否则耕地生产的纯技术效率无效。

（3）对规模效率的测量可以看作是规模报酬可变（VRS）情况下决策单元的生产前沿与决策单元能够达到的最优生产前沿之间的比率。

从耕地生产效率的角度来说，农业生产过程中的耕地规模效率指的是耕地开发利用过程中的要素投入量满足农业生产对耕地资源的需求程度。当耕地资源的投入数量不能满足农业生产对耕地的需求时，农业产出无法达到产出最大化所要求的规模，此时的耕地规模是无效率的。通过增加耕地资源的投入量，可以促使农业生产取得更大的收益。

4. 投入与产出导向问题

投入导向的 DEA 模型是假设保持产出水平不变的情况下，以投入量最少的决策单元作为标准构建生产前沿面，从而测度其他决策单元的相对效率。产出导向的 DEA 模型是假设保持投入水平不变的情况下，以产出量最大的决策单元作为标准来构建生产前沿面，从而测度其他决策单元的相对效率。在规模报酬不变的条件下，这两种导向方法测算出的数值是相等的，但在规模报酬可变的条件下，两种导向的结果不同。在实际研究的过程中，应该根据研究者最希望控制的变量（投入或者产出）来确定模型的导向。

无论是采用投入导向的 DEA 模型，还是采用产出导向的 DEA 模型，都将估计出同样的生产前沿面，因此，两者均可以识别出相同的有效决策单元，只有当测算无效决策单元的效率时，两种方法的计算结果才会出现差别。大量实践证明，多数情况下导向的选择对计算结果影响非常小。

5.1.3　运用 DEA 方法进行效率评估的利弊分析

将 DEA 方法作为评价效率的手段已经相当成熟，但任何一种成熟的研究方法都会存在缺点。为了更客观地对陕西省耕地生产效率进行评价，综合现有的研究观点，对通过 DEA 方法评价效率的利弊加以分析。

1. 运用 DEA 方法评价效率的益处

（1）DEA 方法可以处理多项投入与多项产出的效率评估问题。DEA 方法区别于以往仅能处理单项产出的方法，并且不需要预先设定生产函数和参数估计，在实际计算上较为可行。

（2）DEA 方法在效率评估过程中不受投入项与产出项计量单位的影响。只要被评估的决策单元使用相同的计量单位，目标函数就不会受到投入项与产出项计量单位不同的影响。

（3）DEA 方法运用综合指标评价相对效率。勒温等（Lewin et al.，1982）认为 DEA 模型可以产生单一的综合指标评价相对效率，用来表现资源使用的状况，这一综合指标可以描述全要素生产率，并且可以对决策单元之间的相对效率进行比较。

（4）DEA 方法中的权重不需要预先赋予，能有效避免主观因素的影响。用线性规划来求解决策单元投入项与产出项的加权比值，可以得到各决策单元的最佳加权值，使得对决策单元的评价相对公平客观。

（5）DEA 方法可以同时处理比率数据和非比率数据，衡量单位也不需要完全相同，这就使得数据的处理更加具有弹性。

（6）DEA 方法可以获得资源使用情况的信息，并对无效率的决策单元提出改进方向，不仅能够指出效率有待改进的决策单元，还能为决策者提供各种改进效率的途径。

2. 运用 DEA 方法评价效率的缺陷

虽然 DEA 方法在评价相对效率的过程中具有诸多优势，但在使用过程中仍然存在一定的局限性。

（1）DEA 方法在评价效率的过程中要求每一个决策单元必须具有类似的投入项与产出项。由于 DEA 模型是用来评估所有决策单元之间的相对效率，因此，决策单元具有类似的经营条件（operational condition）是使用 DEA 模型的基本前提。如果不能满足这一基本前提，那么 DEA 模型的评估结果将无意义。

（2）DEA 方法只是对决策单元相对效率的评估，而不是绝对效率的评估。因此，被测算出有效率的决策单元只是相对于其他决策单元而言的相对有效。

（3）DEA 方法无法处理产出项为负的情况。

（4）在实际使用过程中，投入变量与产出变量的选择是否恰当对效率评估的有效性起决定性作用。

（5）DEA 方法虽然能够测度效率，但并不能找到影响效率的因素，仍然需要使用其他方法对影响效率的因素做进一步研究。

（6）DEA 方法在评估效率时要求决策单元必须具有足够数量，即要求被评估的决策单元数量必须为投入项与产出项之和的两倍或以上。

5.1.4　耕地生产效率评价模型的选择

中国学者应用 DEA 方法对效率进行评价的研究开始于 1986 年。我国第一篇关于 DEA 方法的论文是周泽昆、陈珽在《系统工程》杂志上发表的《评价管理效率的一种新方法》，文章对 DEA 方法进行了初步的介绍。中国人民大学的魏权龄教授于 1988 年公开出版了国内关于 DEA 研究的第一本专著——《评价相对有效性的 DEA 方法——运筹学的新领域》，系统地论述了 DEA 方法的相关理论与基本模型。南京大学盛昭瀚教授于 1996 年出版的《DEA 理论方法及应用》一书对 DEA 方法在我国的早期推广也起到了非常重要的作用。目前，DEA 方法被广泛应用于效率分析的众多领域，近年来更是被用于分析城市土地利用效率上，但现有文献中运用 DEA 方法对耕地生产效率进行分析的研究仍较为鲜见。

近年来，如何提高现有耕地资源生产效率成为学者关注的焦点。刘蒙罢等（2021）明确长江中下游粮食主产区耕地利用生态效率时空演变特征，为实现各粮食主产区耕地利用生态效率的协同发展提供理论支撑。结果显示，2007~2018 年长江中下游粮食主产区各年份平均耕地利用生态效率值在中低效率区间波动，整体呈小幅波动下降趋势且存在空间不均衡特征；耕地利用生态效率整体呈现正空间自相关性，在空间邻近溢出效应的驱动下生态效率"高—高"集聚区域及"低—低"集聚区域分别由"双核集聚"逐步转变为"单核集聚"，"多核集聚"逐步转变为"双核集聚"的空间分布格局；各粮食主产区耕地利用生态效率类型转移具有稳定性，且存在"俱乐部收敛"现象，空间溢出效应在其演变过程中发挥着显著作用。向敬伟等（2018）基于土地边际报酬递减规律，探讨了贫困山区耕地利用转型对农业经济增长质量的影响机理，构建了影响效用实证模型，以鄂西16个贫困县为例开展实证研究，从技术效率和技术进步角度分析原因，并针对各县市实际发展情况提出建议。宫攀（2015）采用山东省2000～2010年17个市的面板数据，构建山东省投入产出指标体系，并对投入产出指标进行时间序列分析，得出11年间山东省各市投入产出指标的变化趋势，在此基础上选取数据包络分析模型，对山东省17市耕地资源利用的综合效率、纯技术效率、规模效率进行测算。结果显示，山东省各市耕地总产量及农业总产值指标呈增长趋势，农业播种面积在11年间增减各半，农业机械总动力呈显著增长趋势，在劳动力投入方面有14个城市在研究期间下降明显。通过基础性DEA模型分析，山东省整体耕地综合效率比较理想，耕地产出效率的提高很大程度依赖于纯技术效率，而制约因素主要为规模效率因素。但目前文献研究中仍存在一些不足：一是易将生产率、效益和效率的概念混淆，导致分析结果与研究设想之间产生矛盾；二是对投入产出指标的选择存在分歧，尚未建立统一的测算耕地生产效率的指标体系；三是耕地生产效率受诸多因素的影响，目前相关研究文献相对较少，仍有待进一步研究。

在现有文献研究的基础上，针对目前耕地生产效率研究存在的不足，本章运用数据包络分析方法对陕西省耕地生产效率予以测量，将效率分解为技术效率、纯技术效率和规模效率进行分析，以期为今后的研究提供帮助。

DEA方法的主要优点在于可以使用多个投入和多个产出指标，基于本书的研究对象，使用DEA方法能够更加全面地反映出耕地的多功能特性，并且可以对耕地生产非效率区域提出改善方向。通过前文对DEA方法中CCR模型和BCC模型的分析可以发现，CCR模型假设所有决策单元均处于最优生产规模，即规模报酬不变，然而实际生活中的众多影响因素会导致决策单元不能在最优生产规模下运行。BCC模型将CCR模型中规模报酬不变这一假设去除，即可测量决策单元在规模报酬可变条件下的效率水平。因此，考虑到农业生产过程中规模报酬可变的实际情况，本书采用BCC模型对陕西省耕地生产效率进行分析。同时，通过BCC模型可以将耕地技术效率（TE）分解为耕地纯技术效率（PTE）和耕地规模效率

（SE），这三方面信息能够全面地反映出耕地生产效率的变化过程。

耕地技术效率是指在一定时期内，在一定的技术装备和要素投入条件下，耕地获得的实际产出与其最大可能产出的比率。耕地纯技术效率反映了在一定的生产技术条件下，包括耕地在内的所有投入要素是否充分发挥了其生产潜能以及是否存在浪费现象。耕地规模效率则反映了农业生产过程中耕地的投入规模是否达到农业产出最大化所要求的规模。

DEA 模型一般可以分为基于投入和基于产出两种不同的方法。基于投入导向的 DEA 模型的基本思路是在保持现有产出水平不变的条件下，通过一定比例减少投入数量来测算技术的无效性，也就是说在给定的产出水平下，如何使决策单元投入最小。基于产出导向的 DEA 模型则是用来测度决策单元的实际产出与其给定投入水平下的最大可能的产出的差距。通常在规模报酬不变的条件下，投入导向型与产出导向型所测算的效率值是相等的。本书研究的是作为农业生产投入要素的耕地资源的生产效率，即为了考察如何在给定条件下更好地集约与节约利用耕地资源，因此，本书选择采用投入导向下规模报酬可变的 BCC 模型。

5.2　耕地生产效率评价指标体系的构建

运用 DEA 方法进行效率评估需要将模型分析指标分为两大类，一类为投入指标，另一类为产出指标。本书在选择耕地生产效率评价的投入指标与产出指标前，参考了国内外具有代表性的相关文献，通过对相关文献的分析可以发现，虽然数据包络分析方法在效率评估领域已经成为一种较为成熟且应用广泛的方法，但是采用数据包络分析方法对土地利用效率，特别是耕地生产效率的分析仍旧相对较少，许多学者在研究中采用的投入指标与产出指标也存在着较大差异，并无公认的投入产出指标体系。

综合考虑现有研究文献中存在的经验与问题，在充分借鉴南京农业大学曲福田教授、陈利根教授，浙江大学吴次芳教授等人的研究成果的基础上，本书将耕地置于种植业生产系统中。鉴于研究数据的可获得性，本书选取的投入指标与产出指标如下。

1. 投入指标

（1）耕地投入数量：土地是农业生产过程中最基本的要素之一，受农业生产中复种和套种等因素的影响，为了准确研究耕地的生产效率，不能仅计算耕地面积，而应该采用农作物播种面积作为耕地的投入指标，这样可以考虑到耕地的实际利用率。因此，本书中耕地投入数量采用主要农作物播种面积（万公顷）指标来表示。

（2）劳动力投入数量：劳动力是农业生产过程中另一大基本要素，由于从事农业生产劳动的实际用工量难以精确统计，为了保证数据的可续性与区域数据之间的可比性，本书统一采用农业从业人员（万人）作为劳动力投入数量的指标。

（3）资本投入数量：农业生产过程中最后一个基本要素是资本的支出，农业机械化的推广不仅给农民带来好处，解放大量劳动力，也使得农业生产要素中资本支出增加。根据经济学基本原理可以发现，农业生产逐步机械化的过程也是资本逐步代替劳动的过程。因此，本书采用农用机械总动力（万千瓦）作为资本投入数量的指标。

（4）化肥投入数量：肥料是农业生产的物质基础，合理施用化肥对农业增产和农民增收均能起到巨大作用。对处于农业主产区的地区来说，化肥更是农业生产过程中的主要投入，因此，本书采用农用化肥施用折纯量（万吨）作为化肥投入数量的指标。

2. 产出指标

（1）种植业总产值：反映某一地区在农业生产活动中的规模和总量，可以将其近似地看作耕地（即种植业）的总产值（刘依杭，2021）。生产活动统计的内容按统计形态可分为实物量统计和价值量统计。实物量统计是指对生产活动中投入的各种人力、物力的实际数量和生产过程结束后所生产的各种实物成果的实际数量的统计。实物量统计一般按实物的自然计量单位计算。价值量统计是指在生产活动中投入的各种实物的数量和生产出的各种成果的货币表现。价值量统计根据用途的不同，可采用现行价格、不变价格或可比价格计算。考虑到农业生产的特殊性，仅选择农业生产的实物量作为产出指标显然是不足的，因此，选取农业产品的价值量种植业总产值（万元）为产出指标。考虑到各年数据的可比性，统一将种植业总产值折算到基准年，本书以 1990 年为基准年进行折算。

（2）种植业增加值：反映农业部门在一定时期内生产经营活动和服务活动的最终成果，可以将其近似地看作耕地（即种植业）产出的增加值（廖柳文，2021）。

5.3　基于 DEA 方法的耕地生产效率分析

根据上文确立的耕地生产效率评价指标体系，本章以种植业总产值和种植业增加值作为产出指标，以主要农作物播种面积、农业从业人员[①]、农用机械总动力和农用化肥施用折纯量为投入指标，运用基于投入导向下规模报酬可变的 BCC 模型对陕西省耕地生产效率进行测算。

5.3.1　基于陕西省层面的耕地生产效率实证分析

本节基于省级层面对陕西省 1990～2015 年构成的系统进行效率分析，运用 DEAP 2.1 软件计算陕西省耕地生产效率，计算结果见表 5 - 1。

表 5 - 1　　　　　　　　　1990～2015 年陕西省耕地生产效率

时期	年份	技术效率（TE）	纯技术效率（PTE）	规模效率（SE）	规模报酬特征
"八五"时期	1990	0.783	1.000	0.783	递增
	1991	0.773	0.998	0.775	递增
	1992	0.775	0.986	0.786	递增
	1993	1.000	1.000	1.000	不变
	1994	0.909	1.000	0.909	递增
	1995	0.886	1.000	0.886	递增

---

① 注：国家统计局从 2010 年起不再公布农村劳动力投入指标数据，因此全国各地区耕地生产效率的测算截至 2010 年。

续表

时期	年份	技术效率（TE）	纯技术效率（PTE）	规模效率（SE）	规模报酬特征
"九五"时期	1996	1.000	1.000	1.000	不变
	1997	0.957	1.000	0.957	递增
	1998	0.990	0.990	1.000	不变
	1999	0.947	0.968	0.979	递增
	2000	0.971	0.996	0.975	递增
"十五"时期	2001	0.982	1.000	0.982	递增
	2002	0.999	1.000	0.999	递增
	2003	0.887	1.000	0.887	递增
	2004	0.936	0.995	0.942	递增
	2005	0.949	0.989	0.959	递增
"十一五"时期	2006	0.999	0.999	1.000	不变
	2007	0.999	1.000	0.999	递增
	2008	1.000	1.000	1.000	不变
	2009	1.000	1.000	1.000	递增
	2010	0.887	1.000	0.887	递增
"十二五"时期	2011	0.937	0.994	0.942	递增
	2012	0.950	0.989	0.961	递增
	2013	1.000	1.000	1.000	递增
	2014	1.000	1.000	1.000	不变
	2015	1.000	1.000	1.000	不变
平均值		0.943	1.000	0.999	—

资料来源：根据《陕西统计年鉴》《中国农村统计年鉴》《中国农业年鉴》和《陕西经济年鉴》相关数据整理。

图 5-2 显示了陕西省耕地生产效率动态变化趋势，其中陕西省耕地技术效率从宏观角度看处于上升趋势，总体水平较高，但具有明显的阶段性。1990～2015 年耕地技术效率的平均值为 0.943，表明耕地实际产出占理想产出的比例为 94.3%，总体技术效率相对较高。1990～1992 年的耕地技术效率分别为 0.783、0.773、0.775，为 26 年间最低，这是由于从 1989 年开始，国民经济连续三年在低谷中运行，城市购买力下降导致农

产品过剩，在此期间农产品全面"卖难"，种植业总产值较低，且这 3 年间耕地规模效率均处于较低水平，表明这一时期农业生产规模化经营程度较低，仍是粗放型生产方式，这些均是导致这一时期效率不高的主要原因。1995 年陕西省气候异常，发生了历史上罕见的特大干旱，夏秋两料作物严重减产；2003 年受"非典"疫情和多年未遇的洪涝灾害影响，耕地技术效率出现了大幅下降。

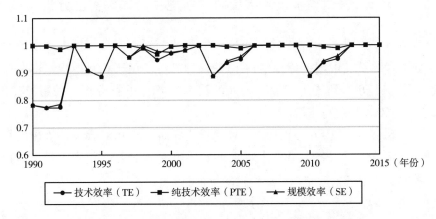

图 5 – 2　基于省级层面的陕西省耕地生产效率变化趋势
资料来源：笔者自绘。

　　陕西省耕地技术效率、纯技术效率与规模效率在 1993、1996、2008、2009、2013、2014 和 2015 年均为 1，从模型角度分析，这 7 年陕西省在耕地纯技术效率与耕地规模效率最优的基础上实现了耕地技术效率最优。需要注意的是，从陕西省实际情况来分析，并不能说明这 7 年的耕地生产效率达到了最高水平，而是在 1990～2015 年陕西省所构成的研究系统与其他年份的耕地生产效率相比较的情况下相对占优而已。因此，不能仅通过模型分析的结果就断言在当时的生产技术与生产规模等投入条件下，耕地获得的实际产出已经达到其最大可能的产出，而应该结合研究对象的实际情况加以具体分析。

　　表 5 – 1 显示，1990、1993～1997 年、2001～2003 年、2007～2010 年、2013～2015 年陕西省耕地纯技术效率值均为 1，表明这些年份陕西省包括劳动力和资本在内的投入要素在与其他年份进行对比时相对效率较高。如前文所述，耕地技术效率 = 耕地纯技术效率 × 耕地规模效率，

因此，耕地规模效率是导致这些年份耕地技术效率未达到最优的最主要原因。1998年和2006年耕地规模效率为1，但耕地技术效率和纯技术效率并不是最优的，说明虽然这两年陕西省耕地规模适中，但相对于其他年份，包括耕地在内的其他投入要素距离完全有效利用的程度仍有差距。

5.3.2 陕西省基于全国层面的耕地生产效率实证分析

本节以我国31个省、区、市构成的系统为研究对象，投入产出的原始数据来源于《中国统计年鉴》（1991~2016）。由于篇幅所限，本节仅选取了"七五"到"十二五"期间的代表性年份进行分析，采用DEAP 2.1软件对模型进行求解。

表5-2~表5-6分别列出了通过投入导向下的BCC模型计算出的全国各地区1990、1995、2000、2005和2010年的耕地技术效率、耕地纯技术效率、耕地规模效率以及规模报酬特征。

表5-2   1990年全国各省区耕地生产效率

地区	耕地技术效率	耕地纯技术效率	耕地规模效率	规模报酬特征
北京	1.000	1.000	1.000	不变
天津	1.000	1.000	1.000	不变
河北	0.613	0.824	0.744	递减
山西	0.544	0.574	0.947	递减
内蒙古	0.852	1.000	0.852	递减
辽宁	0.877	0.984	0.892	递减
吉林	1.000	1.000	1.000	不变
黑龙江	0.974	1.000	0.974	递减
上海	0.927	1.000	0.927	递增
江苏	0.868	1.000	0.868	递减
浙江	0.828	0.938	0.883	递减
安徽	0.804	0.855	0.941	递减
福建	0.746	0.764	0.977	递增
江西	0.848	0.852	0.995	递增

续表

地区	耕地技术效率	耕地纯技术效率	耕地规模效率	规模报酬特征
山东	0.746	1.000	0.746	递减
河南	0.695	0.871	0.797	递减
湖北	1.000	1.000	1.000	不变
湖南	0.824	0.875	0.941	递减
广东	1.000	1.000	1.000	不变
广西	0.745	0.759	0.982	递减
海南	0.969	1.000	0.969	递增
重庆	1.000	1.000	1.000	不变
四川	1.000	1.000	1.000	不变
贵州	0.895	1.000	0.895	递减
云南	1.000	1.000	1.000	不变
西藏	0.688	0.689	0.999	递减
陕西	0.619	0.658	0.941	递减
甘肃	0.621	0.718	0.864	递增
青海	0.523	0.715	0.732	递增
宁夏	1.000	1.000	1.000	不变
新疆	1.000	1.000	1.000	不变
平均值	0.845	0.906	0.931	—

资料来源：根据《陕西统计年鉴》《中国农村统计年鉴》《中国农业年鉴》和《陕西经济年鉴》相关数据整理。

表 5 - 3　　　　　　**1995 年全国各省区耕地生产效率**

地区	耕地技术效率	耕地纯技术效率	耕地规模效率	规模报酬特征
北京	1.000	1.000	1.000	不变
天津	1.000	1.000	1.000	不变
河北	0.655	0.850	0.770	递减
山西	0.474	0.505	0.939	递减
内蒙古	0.807	0.848	0.951	递减
辽宁	0.866	0.866	1.000	不变
吉林	0.956	0.957	0.999	递增
黑龙江	0.995	1.000	0.995	递减

续表

地区	耕地技术效率	耕地纯技术效率	耕地规模效率	规模报酬特征
上海	1.000	1.000	1.000	不变
江苏	0.937	1.000	0.937	递减
浙江	1.000	1.000	1.000	不变
安徽	0.707	0.763	0.926	递减
福建	0.943	0.946	0.997	递增
江西	0.933	0.935	0.999	递增
山东	0.605	0.738	0.819	递减
河南	0.596	0.733	0.813	递减
湖北	1.000	1.000	1.000	不变
湖南	0.789	0.856	0.922	递减
广东	1.000	1.000	1.000	不变
广西	0.754	0.798	0.944	递减
海南	1.000	1.000	1.000	不变
重庆	1.000	1.000	1.000	不变
四川	1.000	1.000	1.000	不变
贵州	0.678	0.752	0.901	递减
云南	1.000	1.000	1.000	不变
西藏	0.641	0.643	0.996	递增
陕西	0.659	0.768	0.857	递减
甘肃	0.554	0.634	0.873	递增
青海	0.423	0.574	0.790	递增
宁夏	1.000	1.000	1.000	不变
新疆	0.833	0.872	0.948	—
平均值	0.832	0.872	0.948	—

资料来源：根据《陕西统计年鉴》《中国农村统计年鉴》《中国农业年鉴》和《陕西经济年鉴》相关数据整理。

表5-4　　　　　2000年全国各省区耕地生产效率

地区	耕地技术效率	耕地纯技术效率	耕地规模效率	规模报酬特征
北京	1.000	1.000	1.000	不变
天津	0.959	0.959	0.999	递减

续表

地区	耕地技术效率	耕地纯技术效率	耕地规模效率	规模报酬特征
河北	0.572	0.812	0.704	递减
山西	0.441	0.464	0.950	递减
内蒙古	0.739	0.799	0.924	递减
辽宁	0.783	0.981	0.797	递减
吉林	0.675	0.763	0.884	递减
黑龙江	0.651	0.744	0.875	递减
上海	1.000	1.000	1.000	不变
江苏	0.800	1.000	0.800	递减
浙江	1.000	1.000	1.000	不变
安徽	0.470	0.590	0.798	递减
福建	0.942	0.987	0.954	递减
江西	0.645	0.851	0.757	递减
山东	0.632	1.000	0.632	递减
河南	0.560	1.000	0.560	递减
湖北	0.622	0.948	0.656	递减
湖南	0.593	0.748	0.793	递减
广东	0.970	1.000	0.970	递减
广西	0.500	0.620	0.806	递减
海南	1.000	1.000	1.000	不变
重庆	0.695	0.825	0.843	递减
四川	0.748	1.000	0.748	递减
贵州	0.709	0.836	0.848	递减
云南	0.615	0.753	0.818	递减
西藏	1.000	1.000	1.000	不变
陕西	0.451	0.605	0.746	递减
甘肃	0.595	0.649	0.917	递减
青海	0.445	0.616	0.722	递增
宁夏	0.364	0.538	0.675	递增
新疆	1.000	1.000	1.000	不变
平均值	0.715	0.842	0.844	—

资料来源：根据《陕西统计年鉴》《中国农村统计年鉴》《中国农业年鉴》和《陕西经济年鉴》相关数据整理。

表5-5   2005年全国各省区耕地生产效率

地区	耕地技术效率	耕地纯技术效率	耕地规模效率	规模报酬特征
北京	1.000	1.000	1.000	不变
天津	0.688	0.736	0.934	递增
河北	0.697	0.903	0.771	递减
山西	0.396	0.423	0.935	递减
内蒙古	0.692	0.694	0.997	递增
辽宁	0.767	0.872	0.880	递减
吉林	0.691	0.696	0.994	递减
黑龙江	0.796	0.870	0.914	递减
上海	1.000	1.000	1.000	不变
江苏	0.962	1.000	0.962	递减
浙江	1.000	1.000	1.000	不变
安徽	0.416	0.507	0.820	递减
福建	0.956	1.000	0.956	递减
江西	0.620	0.639	0.970	递减
山东	0.692	1.000	0.692	递减
河南	0.505	0.909	0.555	递减
湖北	0.619	0.861	0.719	递减
湖南	0.755	0.839	0.900	递减
广东	1.000	1.000	1.000	不变
广西	0.643	0.644	1.000	不变
海南	1.000	1.000	1.000	不变
重庆	0.919	0.923	0.996	递增
四川	0.881	0.899	0.980	递减
贵州	0.674	0.679	0.993	递减
云南	0.634	0.662	0.959	递减
西藏	0.820	1.000	0.820	递增
陕西	0.519	0.559	0.929	递减
甘肃	0.651	0.693	0.939	递减
青海	0.724	0.848	0.854	递增
宁夏	0.399	0.443	0.901	递增
新疆	1.000	1.000	1.000	不变
平均值	0.746	0.816	0.915	—

资料来源：根据《陕西统计年鉴》《中国农村统计年鉴》《中国农业年鉴》和《陕西经济年鉴》相关数据整理。

表 5 - 6　　　　　　　　　　2010 年全国各省区耕地生产效率

地区	耕地技术效率	耕地纯技术效率	耕地规模效率	规模报酬特征
北京	1.000	1.000	1.000	不变
天津	0.806	0.854	0.944	递增
河北	0.798	1.000	0.798	递减
山西	0.474	0.523	0.906	递减
内蒙古	0.575	0.609	0.944	递减
辽宁	0.738	0.813	0.908	递减
吉林	0.592	0.605	0.979	递减
黑龙江	0.701	0.758	0.925	递减
上海	1.000	1.000	1.000	不变
江苏	0.990	1.000	0.990	递减
浙江	1.000	1.000	1.000	不变
安徽	0.443	0.535	0.829	递减
福建	1.000	1.000	1.000	不变
江西	0.509	0.540	0.944	递减
山东	0.690	1.000	0.690	递减
河南	0.526	1.000	0.526	递减
湖北	0.607	0.869	0.699	递减
湖南	0.844	1.000	0.844	递减
广东	1.000	1.000	1.000	不变
广西	0.671	0.706	0.951	递减
海南	0.996	1.000	0.996	递增
重庆	0.838	0.903	0.928	递减
四川	0.935	1.000	0.935	递减
贵州	0.617	0.638	0.967	递减
云南	0.528	0.566	0.934	递减
西藏	0.842	1.000	0.842	递增
陕西	0.662	0.699	0.947	递减
甘肃	0.675	0.679	0.994	递减
青海	0.876	0.942	0.929	递增
宁夏	0.500	0.502	0.995	递减
新疆	1.000	1.000	1.000	不变
平均值	0.756	0.830	0.914	—

资料来源：根据《陕西统计年鉴》《中国农村统计年鉴》《中国农业年鉴》和《陕西经济年鉴》相关数据整理。

通过对比分析表 5 - 2 至表 5 - 6，有些地区耕地生产效率中的技术效率常年处于有效或高效状态，如北京市、上海市、浙江省、福建省、广东省、海南省等东南部沿海及综合经济实力较发达的地区。通过这一现象可以判断，随着经济发展水平提高，虽然农业在三大产业中的比重有所降低，但是经济相对发达的地区在农业生产方面相对于全国其他地区仍具有较为明显的优势，这些地区在耕地利用过程中的投入与产出比也常年处于生产前沿面上，即相对于全国其他地区而言效率较高。

考察期间，虽然西藏自治区经济相对落后，但耕地技术效率在多数年份均为 1，这似乎与前面的分析相悖。实际上，根据技术效率的含义，只要决策单元以最有效的方式使用了既有技术，则其技术效率就为 1。因此经济发展水平相对较低的省份通过选用与自身经济发展条件相一致的最佳时间技术，同样可以获得较高的技术效率。需要强调的是，本书所计算的耕地生产效率是相对指标，某一地区的相对效率为 1 并不意味这一地区的耕地产出没有提高的空间，只是相对于全国其他地区的耕地生产状况相对占优而已。

通过与全国其他地区的对比可以发现，陕西省与耕地生产效率较高的地区仍存在较大差距。研究期间，陕西省基于全国层面的耕地技术效率平均值为 0.5832，相对于全国其他地区而言，陕西省耕地的实际产出占理想状况产出的比例仅为 58.32%，由此可以发现，陕西省耕地的总体生产效率仍处在相对较低的水平。此外，陕西省的耕地生产效率值并不稳定，处于长期波动的状态，但总体呈下降趋势，在 2010 年略有上升（见图 5 - 3），其中，2000 年和 2005 年的耕地技术效率仅为 0.451 和 0.519，为近年来的

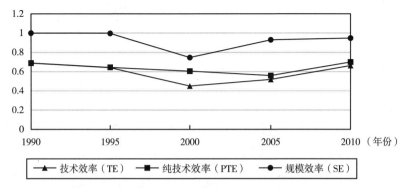

图 5 - 3　基于全国层面的陕西省耕地生产效率变化趋势

资料来源：笔者自绘。

最低水平。2010 年耕地技术效率达到 0.617，较前期略有提高，但仍与全国其他效率较高的地区存在差距。

通过对比图 5 - 2 与图 5 - 3 还可以发现，虽然从 1990 ~ 2010 年陕西省耕地生产效率相对于自身而言具有增长的趋势，但其耕地生产效率在与全国其他省（自治区、直辖市）比较时却呈现出不断下降的趋势，这说明陕西省耕地生产效率在全国仍旧处于相对较低的位置，其自身耕地生产效率的增速并没有赶上全国耕地生产效率的增速。

耕地纯技术效率可以反映出种植业生产过程中生产技术更新速度和技术推广的有效程度，通过对比表 5 - 2 至表 5 - 6 可以看出，耕地纯技术效率较高的地区多数是经济发展水平相对较高的地区，例如北京市、上海市、江苏省、浙江省、福建省和广东省等；或者是传统的农业大省，例如河北省、辽宁省、吉林省、黑龙江省、山东省、河南省、湖北省、湖南省和四川省等。

相对于耕地技术效率而言，耕地纯技术效率有效的地区相对较多，特别是一些传统农业大省，如河北省、辽宁省、吉林省、黑龙江省、山东省、河南省、湖北省、湖南省和四川省等。虽然这些地区的耕地技术效率相对较低，但耕地纯技术效率的差别并不大，且相对于全国其他地区而言也较为高效，由此可以进一步说明这些农业大省在耕作过程中技术要素的投入产出比一直处于最优生产前沿上，即这些地区对农业生产新技术的推广与应用相对于全国其他地区较为重视，从另一个侧面也反映了种植业在产业结构中的比重虽然有所下降，但这些地区对种植业的重视程度却并未降低。这些地区耕地技术效率未达到最优的主要原因是耕地规模效率相对较低。

从图 5 - 2 可以看出，陕西省耕地纯技术效率一直在低位徘徊。通过上文的分析可以发现，耕地纯技术效率与地区经济发展水平和农业生产基础息息相关。陕西省作为我国西部地区的经济欠发达省份，无论在区位优势还是在经济发展水平等方面，都与我国其他发达地区存在着较大的差距，省内的关中平原虽然是我国传统的农业产区，但如果从省域角度进行对比分析，仍与周边的农业大省有较大差距。

对比表 5 - 2 至表 5 - 6 可以进一步发现，陕西省仅在 1995 年处于规模报酬递增阶段，1990、2000、2005 和 2010 年均处于规模报酬递减阶段。

通过对规模报酬的分析，假设 1995 年陕西省在原有的投入基础上适当增加投入规模，耕地的产出将会相应有更大比例的增长。而 1990、2000、2005 和 2010 年的分析结果则表明在原有投入的基础上，即使增加投入规模也无法给耕地带来更大比例的产出，提高陕西省耕地的投入产出效率只能够通过调整投入结构才能得以实现。

从图 5 - 2 可以看出，陕西省的耕地规模效率在大多数情况下均比耕地技术效率和耕地纯技术效率高，仅 2010 年略低于耕地纯技术效率。通过前文的分析可知，耕地技术效率等于耕地纯技术效率与耕地规模效率的乘积，据此可以做出以下判断，陕西省耕地利用非效率的主要原因是耕地纯技术效率水平较低。

将陕西省的耕地技术效率、耕地纯技术效率和耕地规模效率与全国平均水平进行对比可以发现，除了 1990、1995 和 2005 年的耕地规模效率（分别达到了 0.999、0.996 和 0.929）略高于全国平均值（1990 年为 0.929，1995 年为 0.948，2005 年为 0.915），其他阶段陕西耕地生产效率均低于全国平均水平，即使与同处西北地区的甘肃省、青海省和新疆维吾尔自治区对比也处在较低的水平，仅略高于宁夏回族自治区，说明陕西省耕地的投入产出状况与国内其他地区相比仍存在较大差距，且这种差距并未随时间而加以改善。另一方面也说明，相对于全国其他耕地生产效率水平较高的地区，陕西省耕地生产效率拥有较大的提升空间。

综上所述，陕西省是一个耕地生产效率较低、耕地投入要素利用不充分且耕地投入规模不足的省份。下面将对陕西省内各地区耕地生产效率的差异进行分析。

5.3.3　省内各地区耕地技术效率比较分析

下面将运用 DEA 方法对陕西省 11 个市（区）（分别选取 1990、1995、2000、2005 和 2010 年为代表年份）构成的系统进行耕地技术效率、耕地纯技术效率以及耕地规模效率三个方面的分析，数据来源于《陕西统计年鉴》（1991～2011）、《中国农村统计年鉴》《中国农业年鉴》和《陕西经济年鉴》。考虑到各年数据之间的可比性，统一将种植业总产值和种植业增加值折算到基准年，本节以 1990 年为基准年，运用 DEAP 2.1 软件计算出的陕西省各市（区）耕地生产效率分别见表 5 - 7、表 5 - 8 和表 5 - 9 所示。

表 5 - 7　　　　　　　陕西省各市（区）耕地技术效率

地区	1990 年	1995 年	2000 年	2005 年	2010 年
西安市	1.000	1.000	1.000	0.790	0.688
铜川市	0.723	0.692	0.714	0.551	0.603
宝鸡市	0.951	0.924	0.722	0.643	0.601
咸阳市	1.000	1.000	1.000	1.000	1.000
渭南市	0.978	0.792	0.692	0.526	0.492
延安市	1.000	1.000	1.000	1.000	1.000
汉中市	1.000	1.000	1.000	0.983	1.000
榆林市	0.609	0.728	0.387	0.456	0.595
安康市	1.000	1.000	1.000	1.000	1.000
商洛市	0.773	0.820	0.936	0.902	0.837
杨凌示范区	—	—	1.000	1.000	1.000
平均值	0.903	0.896	0.859	0.805	0.801

注：杨凌示范区成立于 1997 年，因此数据从 1998 年开始统计；国家统计局从 2010 年起不再公布农村劳动力投入指标数据，因此陕西省各地区耕地生产效率的测算截至 2010 年。表 5 - 8、表 5 - 9 同理。

资料来源：根据《陕西统计年鉴》《中国农村统计年鉴》《中国农业年鉴》和《陕西经济年鉴》相关数据整理。

通过表 5 - 7 可以发现，常年处于耕地技术效率有效或高效的是咸阳市、延安市、汉中市、安康市和杨凌示范区。咸阳市、杨凌示范区、汉中市和安康市农业生产条件较好；咸阳市是我国西部唯一的国家商品粮生产基地，人均产粮量居陕西之首，杨凌示范区是我国唯一的农业高新技术产业示范区，两地地处关中平原，无论是农业生产基础，还是农业科技投入水平，较省内其他地区均有较为明显的优势。汉中市和安康市位于陕西省南部，有较好的气候条件与农业生产基础，人均耕地面积位居陕西省前列；延安市位于陕北黄土高原丘陵沟壑区，属内陆干旱半干旱地区，四季分明，日照充足，昼夜温差大，具有发展现代生态农业的良好条件，特别是 1999 年实施退耕还林政策以来，水土流失面积逐年减少，截至 2010 年全市人均耕地面积达到 0.135 公顷，高于陕西省平均水平。这些地区整体的投入产出比均处于生产前沿面上，说明这些地区资源配置相对合理，土地利用集约化程度也相对较高，耕地技术效率一直保持在较高水平。

西安市、铜川市、宝鸡市、渭南市、榆林市和商洛市属于耕地技术效率非有效的地区。西安市作为陕西省省会，工业化、城市化率均居陕西省首位，截至 2019 年末常住人口已达 1000.37 万人，人均耕地面积仅为 0.024 公顷，人地矛盾问题严峻，耕地技术效率呈逐年下降的趋势。铜川市、渭南市和榆林市的耕地技术效率值常年处于 0.8 以下，说明这些地区的耕地实际产出与其最大可能产出之间仍存在较大差距，耕地技术效率有待提高。耕地技术效率值越小，同等投入水平下的产出量越低，要达到技术有效需要改进的幅度也就越大。

陕西省耕地技术效率的均值呈现出不断下降的趋势，因此，陕西省耕地技术效率仍有较大改进空间。

需要强调的是，本书计算的耕地生产效率是相对指标。某一地区的相对效率为 1 并不意味着这一地区的耕地产出没有提高的空间，而是相对于省内其他地区的耕地投入产出状况而言相对占优而已。

5.3.4　省内各市（区）耕地纯技术效率比较分析

根据表 5-8 的计算结果可以看出，咸阳市、延安市、汉中市、安康市和杨凌示范区耕地纯技术效率常年处于有效或高效状态。其余 6 市的耕地纯技术效率相对较低，2010 年有 4 市的耕地纯技术效率低于 0.7，渭南市的耕地纯技术效率仅为 0.496，意味着渭南市在保证现有耕地产出水平不变的情况下可以节约 50.4% 的投入要素。

表 5-8　　　　　　　　陕西省各市（区）耕地纯技术效率

地区	1990 年	1995 年	2000 年	2005 年	2010 年
西安市	1.000	1.000	1.000	0.843	0.726
铜川市	1.000	1.000	0.798	0.576	0.633
宝鸡市	0.956	0.940	0.723	0.645	0.604

地区	1990 年	1995 年	2000 年	2005 年	2010 年
咸阳市	1.000	1.000	1.000	1.000	1.000
渭南市	1.000	0.799	0.693	0.530	0.496
延安市	1.000	1.000	1.000	1.000	1.000
汉中市	1.000	1.000	1.000	0.988	1.000
榆林市	0.656	0.731	0.394	0.456	0.621
安康市	1.000	1.000	1.000	1.000	1.000
商洛市	0.936	0.956	0.979	0.942	0.846
杨凌示范区	—	—	1.000	1.000	1.000
平均值	0.955	0.943	0.871	0.816	0.811

资料来源：根据《陕西统计年鉴》《中国农村统计年鉴》《中国农业年鉴》和《陕西经济年鉴》相关数据整理。

前文提到了耕地纯技术效率反映的是在一定的生产技术条件下，包括耕地在内的所有投入要素是否充分发挥了其生产潜能以及是否存在浪费现象。这说明在既定的投入下，对于耕地纯技术效率相对较低的 5 市，投入要素之间并未实现优化配置，产出额偏低，产出扩张能力有待提高。

5.3.5　省内各市（区）耕地规模效率比较分析

根据表 5-9 的计算结果可以看出，咸阳市、延安市、安康市及杨凌示范区耕地投入产出一直处于规模最优阶段，当耕地规模报酬不变时，这些地区的规模效益最佳。铜川市、宝鸡市、汉中市、商洛市耕地规模效率值较高，2010 年处于规模报酬递增阶段，说明这些地区在现有投入基础上，适当增加投入量，耕地的产出将有所增加。因此，应整合资源，加大单位面积耕地的资本和劳动投入，从而促进单位面积耕地产出的增长。西安市、渭南市、榆林市耕地利用在 2010 年处于规模报酬递减阶段，说明这些地区在现有投入的基础上，即使增加投入量也不能给耕地带来更大比例的产出，要提高耕地的生产效率必须通过调整投入结构来实现。

表 5 - 9   陕西省各市（区）耕地规模效率

地区	1990 年	1995 年	2000 年	2005 年	2010 年	规模报酬特征
西安市	1.000	1.000	1.000	0.938	0.948	递减
铜川市	0.723	0.692	0.896	0.956	0.952	递增
宝鸡市	0.995	0.983	0.998	0.997	0.995	递增
咸阳市	1.000	1.000	1.000	1.000	1.000	不变
渭南市	0.978	0.991	0.999	0.993	0.990	递减
延安市	1.000	1.000	1.000	1.000	1.000	不变
汉中市	1.000	1.000	1.000	0.995	1.000	不变
榆林市	0.928	0.995	0.983	1.000	0.959	递减
安康市	1.000	1.000	1.000	1.000	1.000	不变
商洛市	0.825	0.857	0.957	0.958	0.990	递增
杨凌示范区	—	—	1.000	1.000	1.000	不变
平均值	0.945	0.952	0.985	0.985	0.985	—

注：由于篇幅有限，文中仅对 2010 年规模报酬特征进行分析。

资料来源：根据《陕西统计年鉴》《中国农村统计年鉴》《中国农业年鉴》和《陕西经济年鉴》相关数据整理。

通过对比表 5 - 7、表 5 - 8 和表 5 - 9 可以发现，DEA 非有效地区的耕地利用技术效率较低的原因是耕地纯技术效率较低，证明了前两节分析结果的准确性。

为了进一步给 DEA 弱有效的地区分级，可以在剔除有效决策单元后，对剩余地区进行相对技术效率分析，以此类推。表 5 - 10 是对 2010 年陕西省各市（区）耕地技术效率进行分级的结果。

表 5 - 10   2010 年陕西省各市（区）的耕地技术效率分类

地区	第一轮	第二轮	第三轮
西安市	0.688	1.000	—
铜川市	0.603	1.000	—
宝鸡市	0.601	1.000	—
咸阳市	1.000	—	—
渭南市	0.492	0.848	1.000
延安市	1.000	—	—

地区	第一轮	第二轮	第三轮
汉中市	1.000	—	—
榆林市	0.595	0.953	1.000
安康市	1.000	—	—
商洛市	0.837	1.000	—
杨凌示范区	1.000	—	—

资料来源：根据《陕西统计年鉴》《中国农村统计年鉴》《中国农业年鉴》和《陕西经济年鉴》相关数据整理。

通过对表 5 - 10 的计算结果进行分析，按照耕地技术效率可以将各市（区）分成三类：咸阳市、延安市、汉中市、安康市和杨凌示范区为第一类，西安市、铜川市、宝鸡市和商洛市为第二类，渭南市和榆林市为第三类。以上分类基本能反映出陕西省耕地技术效率的总体状况，计算结果也与陕西省实际情况较为相近。

5.4　耕地生产效率 DEA 非有效地区的投影分析

为进一步分析 DEA 非有效地区耕地生产效率低下的原因，本书根据 DEA 非有效的决策单元在生产效率前沿面上的投影即为 DEA 有效这一原理，对上述地区进行了投影分析，计算出这些 DEA 非有效地区的投入冗余幅度，即这些地区可以节约的投入资源数量，从而找出达到 DEA 有效的投入与产出的调整量（调整量是决策单元可以节约的资源投入量或没有达到的产出量），从而为这些地区改进耕地生产效率提供方向和幅度。

设 $\hat{x}_0 = \theta_0 x_0 - s^{-0}$，$\hat{y}_0 = y_0 + s^{+0}$，其中：$\theta_0$，$s^{-0}$，$s^{+0}$ 是决策单元 j_0 对应线性规划的最优解，$(\hat{x}_0, \hat{y}_0)$ 是决策单元 j_0 对应的 (x_0, y_0) 在数据包络分析有效前沿面上的投影，它被认为是 DEA 有效。

表 5 - 11 列出了 2010 年陕西省耕地生产效率 DEA 非有效地区的投入冗余与产出不足情况。

表 5–11 2010 年耕地生产效率 DEA 非有效地区的投入产出调整情况

地区	投入指标与产出指标	原始值	投入冗余值	产出不足值	DEA 有效目标值	投入冗余量占其投入比例（%）
西安市	主要农作物播种面积（万公顷）	50.40	−138.15	0.00	365.88	27.41
	农业（种植业）从业人员（万人）	126.46	−34.66	−5.41	86.38	31.69
	农用机械总动力（万千瓦）	271.26	−74.35	−30.28	166.62	38.57
	化肥施用折纯量（万吨）	22.59	−6.19	0.00	16.39	27.41
	种植业总产值（万元）	370807.00	0.00	43750.98	414557.98	—
	种植业增加值（万元）	639071.00	0.00	0.00	639071.00	—
铜川市	主要农作物播种面积（万公顷）	7.73	−28.39	−12.18	36.75	52.47
	农业（种植业）从业人员（万人）	15.92	−5.84	0.00	10.07	36.72
	农用机械总动力（万千瓦）	34.84	−12.79	0.00	22.04	36.72
	化肥施用折纯量（万吨）	4.66	−1.71	−1.03	1.91	58.95
	种植业总产值（万元）	47790.00	0.00	0.00	47790.00	—
	种植业增加值（万元）	63583.00	0.00	12836.03	76419.03	—
宝鸡市	主要农作物播种面积（万公顷）	44.18	−174.75	−67.28	199.80	54.78
	农业（种植业）从业人员（万人）	82.08	−32.46	0.00	49.61	39.55
	农用机械总动力（万千瓦）	163.10	−64.50	0.00	98.59	39.55
	化肥施用折纯量（万吨）	18.32	−7.24	−1.19	9.88	46.06
	种植业总产值（万元）	244815.00	0.00	0.00	244815.00	—
	种植业增加值（万元）	374726.00	0.00	3025.15	377751.15	—

续表

地区	投入指标与产出指标	原始值	投入冗余值	产出不足值	DEA 有效目标值	投入冗余量占其投入比例（%）
渭南市	主要农作物播种面积（万公顷）	70.48	−354.99	0.00	349.83	50.37
	农业（种植业）从业人员（万人）	179.25	−90.28	−1.65	87.31	51.29
	农用机械总动力（万千瓦）	366.13	−184.40	−17.29	164.42	55.09
	化肥施用折纯量（万吨）	35.90	−18.08	0.00	17.81	50.37
	种植业总产值（万元）	43166	0.00	0.00	431661.00	—
	种植业增加值（万元）	662930.00	0.00	3330.20	666260.20	—
榆林市	主要农作物播种面积（万公顷）	56.37	−213.85	−81.02	268.82	52.31
	农业（种植业）从业人员（万人）	86.56	−32.83	0.00	53.72	37.94
	农用机械总动力（万千瓦）	226.14	−85.79	−28.60	111.74	50.59
	化肥施用折纯量（万吨）	12.05	−4.57	0.00	7.47	37.93
	种植业总产值（万元）	221995.00	0.00	6718.03	228713.03	—
	种植业增加值（万元）	352559.00	0.00	0.00	352559.00	—
商洛市	主要农作物播种面积（万公顷）	27.10	−41.80	−4.77	224.43	17.19
	农业（种植业）从业人员（万人）	58.27	−8.98	−7.27	42.00	27.91
	农用机械总动力（万千瓦）	64.94	−10.01	0.00	54.92	15.43
	化肥施用折纯量（万吨）	5.80	−0.89	0.00	4.90	15.43
	种植业总产值（万元）	142585.00	0.00	0.00	142585.00	—
	种植业增加值（万元）	223492.00	0.00	11354.95	234846.95	—

资料来源：根据《陕西统计年鉴》《中国农村统计年鉴》《中国农业年鉴》和《陕西经济年鉴》相关数据整理。

　　通过投影分析能够得出耕地生产效率 DEA 非有效的原因，同时也能够为耕地生产效率非有效的地区提供改善方向。从表 5 - 11 对耕地生产效率非有效地区的投入指标与产出指标的调整量可以看出，投入指标调整程度的顺序依次为主要农作物播种面积、农用机械总动力、农业（种植业）从业人员、化肥施用折纯量，这些投入指标的冗余量均超过了 35%。

　　从调整量角度来看，通过减少农作物播种面积为主要方式的地区是渭南市、榆林市、宝鸡市与铜川市，减少幅度均超过了 50%。农业机械总动力投入量存在较大比例冗余的是渭南市与榆林市，其中渭南市农业机械总动力的冗余量达 55.09%，榆林市的冗余量达 50.59%，相对于其他投入指标的冗余量要更多一些。商洛市的投入冗余达到 27.91% 的主要原因是农业（种植业）从业人员过多，几乎为该市其他投入指标调整比例的 2 倍。农业（种植业）从业人员相对于其他的投入指标来说，需要调整的比例相对较小，投入冗余量基本在 30% 以上，渭南市农业（种植业）从业人员的冗余比例达 51.29%，在 6 个耕地生产效率非有效地区中占比最高。铜川市的化肥施用折纯量冗余程度在 6 市中最高，投入冗余量占化肥施用折纯总量的 58.95%。

　　陕西省耕地生产效率非 DEA 有效的城市普遍存在投入冗余与产出不足的问题，原因在于在耕地的投入产出过程中，投入的资源没有得到有效配置和利用，这也证明了只有通过改变单纯依靠扩大投入的规模型增长方式，针对每一地区的实际情况制定合理的投入规模，尽可能提高投入资源的利用效率，才能使耕地生产效率得到提高。

第6章　基于 Malmquist 全要素生产率
指数方法的陕西省耕地
全要素生产率分析

上一章对陕西省耕地生产效率的 DEA 分析主要侧重于研究区域在同一目标时期内的效率分析，在这一时期所有决策单元具有相同的生产前沿面。但是，当研究决策单元在不同时期的效率变化时，每一个决策单元的效率状态和技术水平也会发生一定变化，也就是我们所说的技术进步。既然生产前沿面已经发生了改变，仍采用原来在同一生产前沿面下测度效率的方法显然是不够的，因此应该把效率的变化和技术水平的变化同时进行测度。

本章采用 Malmquist 全要素生产率指数方法进一步分析跨时期的效率变化，对不同时期陕西省耕地生产效率的变化情况进行测量，从而对"八五"计划到"十五"计划期间陕西省耕地生产效率的时空变化特征进行分析，并对造成这些变化的原因进行解释。

6.1　Malmquist 全要素生产率指数的
非参数模型及其分解

6.1.1　Malmquist 全要素生产率指数方法介绍

生产率本质上可以理解为跨时期的生产活动，在这一过程中，除了要素的投入带来产出增加以外，其他所有的因素共同造成产出增加。要素投入以外的所有因素基本可以概括为两个方面，即生产效率的状态和技术水平的变化。因此，生产率的变化从本质上来说是由不同时期技术效率的变化情况与技术水平的变化情况共同引起的。

生产率指数有许多种形式，目前使用最为广泛的是 Malmquist 全要素生产率指数（malmquist productivity index）。Malmquist 全要素生产率指数的概念最早是由瑞典经济学和统计学家斯通·马穆奎斯特（Sten Malmquist）于 1953 年用于分析消费行为而提出的。但是直到 1982 年克莱顿·克里斯坦森（Clayton M. Christensen）等人首次提出了 Malmquist 全要素生产率指数之后，这种方法才在函数发展的推动下得到了较大的发展，并且逐渐被学者们广泛应用于生产率与效率评估的领域中。

需要指出的是，要计算 Malmquist 全要素生产率指数前，需要计算出距离函数，求解距离函数的方法一般可以分为两种，即参数方法和非参数方法。如果采用参数方法，即运用随机前沿方法求解距离函数时，需要预先设定确定的生产函数形式，因此将面临选择确定生产函数模型以及选择随机变量分布假设的问题，这些问题将使计算变得更加复杂，并且这种方法受到人为因素影响的可能性较大。如果采用非参数方法，即数据包络分析方法，可以有效避免在参数方法中所遇到的问题，而且当技术描述形式为多项投入和多项产出时，能够以实物的形式来表示，从而可以避免价格因素对距离函数的影响。因此，非参数方法是一种最为常用的计算 Malmquist 全要素生产率指数的方法。

6.1.2　距离函数

描述单项投入和单项产出的生产函数模型有许多种，例如柯布－道格拉斯生产函数模型、CES 生产函数（constant elasticity of substitution production function）和超越对数生产函数等，这些参数生产函数模型在实证研究过程中均得到广泛应用。然而在对多项投入和多项产出的系统进行经济分析时，传统的函数方法却不太适合，需要对成本最小化或利润最大化进行假设，并且这些假设的前提是完全竞争市场。显然，实际研究的情况往往与这些假设不符合。距离函数（distance function）则较好地解决了上述问题，它是一种在不需要对生产者的行为进行任何一种假设的条件下，研究多项投入和多项产出技术系统的有效工具。1953 年，瑞典经济学和统计学家斯通·马穆奎斯特用相对于无差异曲线的径向移动幅度首次描述了距离函数的定义。1970 年，谢泼德（Shephard）以基于生产前沿面理论的生产技术集合论为基础，提出了基于投入产出的距离函数，它不仅可以用来建立多项投入与多项产出的技术形式，并且可以转化成较为简便的参数模型与非参数模型，因此，Shephard 距离函数在近些年得到了长足发展，被广泛使用。

在具有 m 项投入和 k 项产出的生产活动中，用 m 维向量 X 代表其投入向量，用 k 维向量 Y 表示其产出向量。用 $P(X)$ 表示产出可能集，表示在一定的技术条件下，用投入 X 所能够生产的产出 Y 的全部可能生产集合。即：

$$P(X) = \{Y\}$$

对于任意的投入向量 X，产出可能集 $P(X)$ 具有如下的性质：

（1）$0 \in P(X)$：投入 X 之后任何产出都没有得到，即不生产是有可能的；

（2）无效性：$\forall (X, Y) \in T$，有 $(\hat{X}, Y) \in T$，$\forall \hat{X} \geq X$；$(X, \hat{Y}) \in T$，$\forall \hat{Y} \leq Y$，即在原来的基础之上，单方面增加投入或者是减少产出总是可能的生产活动，因此可以说明浪费是存在的。

（3）$P(X)$ 为凸的有界闭集。即 $\forall (X, Y) \in T$，$(\hat{X}, \hat{Y}) \in T$，$\forall \lambda \in [0, 1]$，都有：

$$\lambda(X, Y) + (1 - \lambda)(X, Y) = (\lambda X + (1 - \lambda)\hat{X}, \lambda Y + (1 - \lambda)\hat{Y}) \in T$$

基于以上理论，在 $P(X)$ 上定义的基于产出导向型的距离函数 $D_o(X, Y)$ 为：

$$D_o(X, Y) = \min\{\theta : (Y/\theta) \in P(X)\}$$

通过分析产出可能集 $P(X)$ 所具有的性质，能够从中直接得到基于产出导向型的距离函数 $D_o(X, Y)$ 也具有以下性质：

（1）$D_o(X, Y)$ 是关于投入向量 X 的增函数，关于产出向量 Y 的非减函数；

（2）$D_o(X, Y)$ 是产出向量 Y 的线性齐次函数；

（3）若 $Y \in P(X)$，那么 $D_o(X, Y) \leqslant 1$；

（4）$D_o(X, Y) = 1$ 的充分必要条件是 Y 在生产前沿面上。

因此，可以定义第 t 期基于产出导向的距离函数为 $D_o^t(X^t, Y^t)$，它表示在 t 期的生产前沿下，第 t 期样本点的距离函数的值。为了定义 Malmquist 全要素生产率指数，还需要定义第 $t+1$ 期的距离函数 $D_o^{t+1}(X^t, Y^t)$，它表示在 $t+1$ 期的生产前沿下，第 t 期样本点的距离函数的值；距离函数 $D_o^t(X^{t+1}, Y^{t+1})$ 表示在 t 期的生产前沿下，第 $t+1$ 期样本点的距离函数的值；距离函数 $D_o^{t+1}(X^{t+1}, Y^{t+1})$ 表示在 $t+1$ 期的生产前沿下，第 $t+1$ 期样本点的距离函数的值。

6.1.3　Malmquist 全要素生产率指数及其分解

根据 Shephard 距离函数的定义，第 t 期的 Malmquist 全要素生产率指数定义为：

$$M_o^t(X^t, Y^t, X^{t+1}, Y^{t+1}) = \frac{D_o^t(X^{t+1}, Y^{t+1})}{D_o^t(X^t, Y^t)} \tag{6-1}$$

$M_o^t(X^t, Y^t, X^{t+1}, Y^{t+1})$ 是以第 t 期生产可能集上的观测单元（X^{t+1}，Y^{t+1}）与（X^t，Y^t）距离函数的比值定义的，下标 o 代表产出（output），距离函数是 Shephard 产出距离函数。

类似地，可以将第 $t+1$ 期的 Malmquist 全要素生产率指数定义为：

$$M_o^{t+1}(X^t, Y^t, X^{t+1}, Y^{t+1}) = \frac{D_o^{t+1}(X^{t+1}, Y^{t+1})}{D_o^{t+1}(X^t, Y^t)} \tag{6-2}$$

为了避免因标准的不同带来的影响，这里用第 t 期和第 $t+1$ 期的 Malmquist 全要素生产率指数，即式（6-1）和式（6-2）的几何平均值来定义基于产出导向型的 Malmquist 全要素生产率指数：

$$M_o(X^t, Y^t, X^{t+1}, Y^{t+1}) = \left[\frac{D_o^t(X^{t+1}, Y^{t+1})}{D_o^t(X^t, Y^t)} \times \frac{D_o^{t+1}(X^{t+1}, Y^{t+1})}{D_o^{t+1}(X^t, Y^t)} \right]^{1/2}$$

$$\tag{6-3}$$

式（6-3）表示的含义是：$t+1$ 时刻的样本点（X^{t+1}，Y^{t+1}）相对于 t 时刻的样本点（X^t，Y^t）的生产率的变化情况。如果式（6-3）的值大于 1，那么则表明从 t 时刻到 $t+1$ 时刻的生产率为正增长。

通过图解的方式，对 Malmquist 全要素生产率指数的理解将更加清晰（见图 6 – 1）。

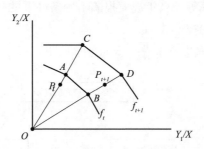

图 6 – 1　Malmquist 全要素生产率指数分析

资料来源：笔者自绘。

如图 6 – 1 所示，f_t 和 f_{t+1} 分别表示第 t 期和第 $t+1$ 期的基于产出导向型的效率前沿。点 P_t 为某一决策单元在第 t 期的位置，相应地，点 P_{t+1} 为这一决策单元在第 $t+1$ 期的位置。A 点和 B 点分别为第 t 期效率前沿上的点，C 点和 D 点分别为第 $t+1$ 期效率前沿上的点。因此，基于产出导向型的 Malmquist 全要素生产率指数可以表示为以下等式：

$$M_o(X^t, Y^t, X^{t+1}, Y^{t+1}) = \left[\frac{OC/OP_t}{OA/OP_t} \times \frac{OD/OP_{t+1}}{OB/OP_{t+1}} \right]^{1/2}$$

Malmquist 全要素生产率指数可以进一步分解为技术进步与效率进步两个部分。可以用 (X^{t+1}, Y^{t+1}) 和 (X^t, Y^t) 分别代表对应的第 $t+1$ 期与第 t 期的距离函数的比值，用来表示某一个决策单元的效率变化，即技术效率进步（technical efficiency change），如式（6 – 4）所示：

$$EFFCH = \frac{D_o^{t+1}(X^{t+1}, Y^{t+1})}{D_o^t(X^t, Y^t)} \tag{6 – 4}$$

可以将 Malmquist 全要素生产率指数剩余的部分定义为技术进步（technical change），如式（6 – 5）所示：

$$TECH = \left[\frac{D_o^t(X^{t+1}, Y^{t+1})}{D_o^{t+1}(X^{t+1}, Y^{t+1})} \times \frac{D_o^t(X^t, Y^t)}{D_o^{t+1}(X^t, Y^t)} \right]^{1/2} \tag{6 – 5}$$

上一章提到了技术效率等于纯技术效率与规模效率的乘积（$TE = PTE \times SE$），如果需要将效率进一步分解，还可以将式（6 – 4）分解为纯技术效率与规模效率两个部分。需要注意以下两点：（1）纯技术效率的变化等于后一年规模报酬可变条件下的技术效率除以当年规模报酬可变条件下的技术效率；（2）规模效率的进步等于后一年的规模效率除以当年的规模效率，其中，规模效率等于当年规模报酬不变条件下的技术效率除以当年规模报酬可变条件下的技术效率。

Malmquist 全要素生产率进一步的分解见图 6 - 2。

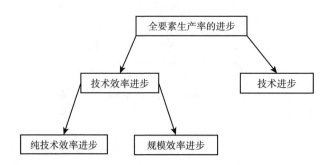

图 6 - 2　Malmquist 全要素生产率进步的分解

资料来源：笔者自绘。

6.1.4　Malmquist 全要素生产率指数与 DEA 的结合

用 DEA 方法对 Malmquist 全要素生产率指数求解时，通常可以将原问题转化为以下四个线性规划问题，进而计算出 Malmquist 全要素生产率指数中四个距离函数的值。

以基于产出导向型的规模报酬不变的 DEA 模型为例，假设 (X^t, Y^t) 为第 t 期的投入变量和产出变量，$[D_o^t(X^t, Y^t)]$ 为第 t 期的样本值在第 t 期的技术效率，则基于产出导向型的规模报酬不变的 DEA 模型可以表示为：

$$[D_o^t(X^t, Y^t)]^{-1} = \max_{\varphi, \lambda} \varphi$$
$$s.t. \quad -\phi y_{it} + Y_t \lambda \geq 0 \qquad (6-6)$$
$$x_{it} - X_t \lambda \geq 0$$
$$\lambda \geq 0$$

由式 6 - 6 可以推导出不同时期的样本值相对于不同时期的生产前沿的技术效率。假设 (X^{t+1}, Y^{t+1}) 为第 $t + 1$ 期的投入变量和产出变量，

$\left[D_o^{t+1} (X^{t+1} , Y^{t+1}) \right]$ 为第 $t+1$ 期的样本值在第 $t+1$ 期的技术效率；$\left[D_o^t (X^{t+1} , Y^{t+1}) \right]$ 为第 $t+1$ 期的样本值在第 t 期的技术效率；$\left[D_o^{t+1} (X^t , Y^t) \right]$ 为第 t 期的样本值在第 $t+1$ 期的技术效率。则所对应的模型分别为：

$$\left[D_o^{t+1} (X^{t+1} , Y^{t+1}) \right]^{-1} = \max_{\varphi,\lambda} \varphi$$

$$s.\,t. \qquad -\phi y_{i,t+1} + Y_{t+1}\lambda \geq 0 \qquad\qquad (6-7)$$

$$x_{i,t+1} - X_{t+1}\lambda \geq 0$$

$$\lambda \geq 0$$

$$\left[D_o^t (X^{t+1} , Y^{t+1}) \right]^{-1} = \max_{\varphi,\lambda} \varphi$$

$$s.\,t. \qquad -\phi y_{i,t+1} + Y_t\lambda \geq 0 \qquad\qquad (6-8)$$

$$x_{i,t+1} - X_t\lambda \geq 0$$

$$\lambda \geq 0$$

$$\left[D_o^{t+1} (X^t , Y^t) \right]^{-1} = \max_{\varphi,\lambda} \varphi$$

$$s.\,t. \qquad -\phi y_{it} + Y_{t+1}\lambda \geq 0 \qquad\qquad (6-9)$$

$$x_{it} - X_{t+1}\lambda \geq 0$$

$$\lambda \geq 0$$

Malmquist 全要素生产率指数分解中的技术效率进一步分解为纯技术效率进步与规模效率进步这两个部分，计算的时候需要在原来的公式上加上两个额外的线性规划，即在式（6-6）与式（6-7）上分别加上凸面限制条件 $N1'\lambda = 1$。这样，便可以在规模报酬可变的条件下计算上面的两个距离函数，再通过投入导向或者产出导向假设条件下的技术效率计算纯技术效率与规模效率，使 Malmquist 全要素生产率指数的适用范围更加广泛，也更有利于进行实证研究。

6.1.5　Malmquist 全要素生产率指数的优点

Malmquist 全要素生产率指数方法相对于传统的方法具有以下优点：（1）该方法运用距离函数进行计算，只需要提供数量数据，不要求考虑价格因素；（2）该方法无须假定所有生产者都是完全有效的，允许生产无效率的情况存在；（3）该方法不需要设定生产者行为目标，比如投入最小化或者产出最大化；（4）该方法可以将全要素生产率分解为技术效率进步与技术进步两个部分。

6.2　耕地 Malmquist 全要素生产率指数的测算

6.2.1　研究数据的选取与处理

本章以陕西省各市（区）作为研究分析的基本单元。由于农村从业人数这一指标自 2010 年后不再公布，各地区农林牧渔业从业人数无法获取，因此本书的测算主要建立在 1990～2010 年的相关统计数据基础之上。为了保证 Malmquist 全要素生产率研究与第 4 章的效率研究一致，达到两者的计算结果相互比较和验证的目的，本章采用的投入指标和产出指标与第 4 章对陕西省耕地生产效率进行测度时采用的指标保持一致。本章的原始数据主要来源于《陕西统计年鉴》（1991～2011），为保证数据之间的可比性，仍然统一以 1990 年为种植业总产值的基准年。运用 DEAP 2.1 软件计算陕西省耕地的 Malmquist 全要素生产率指数。

6.2.2　耕地 Malmquist 全要素生产率指数变动情况分析

运用 Malmquist 全要素生产率指数可以计算出本年度相对于上一年度的生产率变化，本节计算了陕西省 1990～2011 年的全要素生产率变化情况。为反映陕西省总体层次上的耕地 Malmquist 全要素生产率的增长及其构成的变化，本书运用几何平均的方法对 1990～2011 年各个地区的耕地 Malmquist 全要素生产率变化指数（TFPch）、技术效率变化指数（EFF-ch）、技术变化指数（TECHch）、纯技术效率变化指数（PEch）和规模效率变化指数（SEch）分别进行相应处理，由此得到了各年度陕西省范围内各个指标的相应数值（见表 6-1）。

表 6-1　1990~2011 年陕西省耕地 Malmquist 全要素生产率变化情况

时间	技术效率 变化指数 （EFFch）	技术 变化指数 （TECHch）	纯技术 效率变化 指数 （PEch）	规模效率 变化指数 （SEch）	全要素 生产率 变化指数 （TFPch）
1990~1991	1.002	0.975	0.998	1.004	0.977
1991~1992	0.987	1.047	0.989	0.998	1.033
1992~1993	0.991	1.295	1.003	0.988	1.283
1993~1994	0.997	0.924	0.998	0.999	0.921
1994~1995	1.009	1.001	1.001	1.008	1.010
"八五"时期平均	0.997	1.048	0.998	0.999	1.045
1995~1996	1.000	1.154	0.992	1.008	1.154
1996~1997	0.921	1.035	0.926	0.994	0.953
1997~1998	1.017	1.054	1.020	0.997	1.072
1998~1999	0.952	0.967	0.950	1.002	0.920
1999~2000	1.046	1.060	1.042	1.004	1.109
"九五"时期平均	0.987	1.054	0.986	1.001	1.042
2000~2001	0.987	1.026	0.990	0.997	1.012
2001~2002	1.045	1.054	1.046	0.999	1.101
2002~2003	0.937	0.916	0.934	1.003	0.858
2003~2004	1.006	1.096	1.006	1.000	1.102
2004~2005	0.955	1.093	0.949	1.007	1.044
"十五"时期平均	0.986	1.037	0.985	1.001	1.023
2005~2006	1.013	1.080	1.010	1.003	1.094
2006~2007	0.989	1.034	0.992	0.997	1.023
2007~2008	0.997	1.061	0.995	1.002	1.058
2008~2009	1.005	0.828	0.986	1.019	0.832
2009~2010	1.010	1.266	1.048	0.964	1.279
"十一五"时期平均	1.003	1.054	1.006	0.997	1.057
2010~2011	0.989	1.169	0.961	1.029	1.156
总体平均值	0.993	1.054	0.992	1.001	1.047

资料来源：笔者自制。

通过对表 6 – 1 的分析可以发现，1990 ~ 2011 年陕西省耕地 Malmquist 全要素生产率变化呈现明显波动，陕西省耕地 Malmquist 全要素生产率年均增长速度达 4.7%。同一期间，种植业总产值的年平均增长率大约为 6.79%，说明这一时期的种植业总产值的增长中大约 69.22% 是由生产率水平的提高造成的。1991、1994、1997、1999 与 2003 年的全要素生产率变化指数未超过 1，2009 年相对于上一年度的全要素生产率增长最低，仅为 0.832。从陕西省耕地 Malmquist 全要素生产率增长的阶段性特征来看，1993、1996、2000、2002、2004、2010 和 2011 年的年均 TFP 增长率在 10% 以上，1993 年的全要素生产率增长率更是达到了 28.3%，为历年最高。这些增长率较高的年份主要集中在"九五""十五"和"十一五"规划时期，农业生产取得较大的发展主要得益于我国农业的全面市场化改革和陕西省农业产业结构的逐步优化。在这三个时期，随着农产品市场化改革的进一步深化，广大农民的生产积极性被充分调动起来，农民根据市场需求的变化可以合理安排产业结构和生产规模，充分发挥资源优势，资源利用效率得到提高。农业产业结构的逐步优化进一步促进了区域农业生产分工和专业化程度的提高，这不但促进了农业现代化发展，更加速推进了农业产业一体化进程。

按照国家国民经济和社会发展五年规划划分，可以将陕西省耕地 Malmquist 全要素生产率的增长过程分为三个时期。第一个时期是 1990 ~ 1995 年，处于国家"八五"规划时期。我国从 20 世纪 80 年代中期开始施行的城市经济体制改革改变了过去因高度集中的计划经济管理体制引起的弊端，大量的资金和高素质的农业劳动力逐步向农业以外的产业进行转移，导致这一时期农业生产率下滑，引起了国家相关决策部门的高度重视，"八五"时期国家大幅增加了对农业的投入，加强农业基础设施建设，相应出台了一系列配套措施，农田灌溉面积逐步增加，耕地有效灌溉率由 1990 年的 35.77% 增长至 1995 年的 39.29%，农业生产条件获得改善。1993 年陕西省耕地的全要素生产率较 1992 年上涨了 28.3%，这主要是由于 1992 年开始的农业市场化改革取消了大宗作物农产品购销的统治制度，大部分农产品的购销与价格全面放开，极大地推动了全要素生产率的上升。第二个时期是 1996 ~ 2000 年，这一时期处于国家"九五"规划期间，耕地 Malmquist 全要素生产率与"八五"时期相比略有下降，全要素生产率年均增长率为 4.2%。1996 年的全要素生产率的增长率处于"九五"时期的第一位,为 15.4%,这一年的技术变化指数达到了 1.154,由此可见该年度全要素生产率的变化主要是技术进步引起的。第三个时期是 2001 ~ 2005 年,这一时期处于国家"十五"规划时期。与"八五"时期和"九五"时期相比,陕西省耕地全要素生产率变化指数平均只有 1.023,较前两个时期有较大幅度的下降,其中 2003 年仅为 0.858,为 1990 ~ 2011 年的最低水平(见图 6 - 3)。

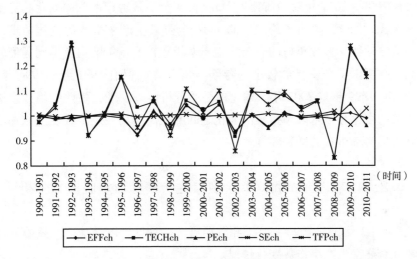

图 6 - 3　1990 ~ 2011 年陕西省耕地 Malmquist 全要素生产率变化情况
资料来源:笔者自绘。

从图 6 - 3 可以看出,22 年间全要素生产率变化指数与技术变化指数的变化趋势基本相同,全要素生产率指数的变化并不因技术效率的变化(包括纯技术效率的变化与规模效率的变化)而引起,因此可以推断出这一时期陕西省耕地 Malmquist 全要素生产率的增长主要来自技术进步。从平均值角度来看,技术进步为陕西省耕地 Malmquist 全要素生产率的年增长贡献了 5.4%,有力地支撑了陕西省耕地 Malmquist 全要素生产率的增长,而技术效率的下滑使陕西省耕地 Malmquist 全要素生产率年均减少0.7%,其中纯技术效率的下降使陕西省耕地 Malmquist 全要素生产率的年均损失达到了 0.9%。由表 6 - 1 可以发现,1990 ~ 2011 年,陕西省耕地Malmquist 全要素生产率指数的增长在相当大程度上依赖于技术进步的变化，因此可以说明陕西省耕地 Malmquist 全要素生产率的改变主要由技术变化引起。陕西省耕地 Malmquist 全要素生产率指数变化的另一个主要特征是：当技术进步（即农业生产技术的革新）促进全要素生产率提高的同时，总是会遇到技术效率下降对全要素生产率带来的不利影响（如 1992、1993、1997、2001、2005、2007 和 2008 年），导致全要素生产率指数的增长受到影响，由此表明，陕西省在农业生产技术的推广方面还有待进一步提高。

从 1990~2011 年陕西省耕地 Malmquist 全要素生产率总体变化趋势来看（见图 6-3），陕西省耕地 Malmquist 全要素生产率指数的变化呈现出明显的波动性，多数年份的全要素生产率指数较上一年度均有不同程度的提高，全要素生产率指数较上一年度有所下降的仅有 1991 年、1994 年、1997 年、1999 年与 2003 年。通过前面的分析可以发现，陕西省因技术进步指数的变化与技术效率指数的变化之间的反向作用在一定程度上制约了全要素生产率指数的增长幅度。

6.2.3　耕地 Malmquist 全要素生产率指数地区差异分析

表 6-2 反映了 1990~2011 年陕西省关中地区、陕北地区、陕南地区的耕地全要素生产率指数变化情况。

表 6-2　　　　　　陕西省三大区域耕地全要素生产率变化情况

时间	关中地区		陕北地区		陕南地区	
	TFPch	TECHch	TFPch	TECHch	TFPch	TECHch
1990~1991	1.041	1.069	0.823	0.824	0.992	0.939
1991~1992	1.003	1.002	1.101	1.104	1.044	1.091
1992~1993	1.266	1.304	1.174	1.196	1.402	1.356
1993~1994	0.932	0.958	1.079	0.960	0.815	0.847
1994~1995	1.057	1.048	0.953	0.953	0.975	0.961
"八五"时期平均	1.060	1.076	1.026	1.007	1.046	1.039
1995~1996	1.127	1.148	1.143	1.092	1.219	1.208
1996~1997	1.093	1.070	0.691	0.933	0.912	1.053

续表

时间	关中地区		陕北地区		陕南地区	
	TFPch	TECHch	TFPch	TECHch	TFPch	TECHch
1997～1998	1.024	1.069	1.300	1.170	1.020	0.960
1998～1999	0.989	0.982	0.720	0.956	0.989	0.952
1999～2000	1.017	1.019	1.431	1.113	1.140	1.111
"九五"时期平均	1.050	1.058	1.057	1.053	1.056	1.057
2000～2001	1.028	1.052	0.995	1.029	0.999	0.975
2001～2002	1.016	1.061	1.630	1.058	1.040	1.040
2002～2003	0.908	0.952	0.700	0.849	0.892	0.892
2003～2004	1.127	1.132	1.170	1.099	1.016	1.026
2004～2005	1.068	1.098	1.019	1.142	1.020	1.050
"十五"时期平均	1.029	1.059	1.103	1.035	0.993	0.997
2005～2006	1.088	1.106	1.232	1.054	1.034	1.051
2006～2007	1.050	1.074	1.038	1.021	0.964	0.968
2007～2008	1.098	1.090	1.003	1.027	1.025	1.029
2008～2009	1.063	1.015	1.064	1.050	1.062	1.077
2009～2010	1.078	1.077	1.071	1.072	1.064	1.052
"十一五"时期平均	1.075	1.072	1.082	1.045	1.030	1.035
2010～2011	1.072	1.025	1.074	1.080	1.065	1.063
总体平均值	1.055	1.064	1.067	1.050	1.033	1.033

资料来源：笔者自制。

从陕西省三个地区的耕地全要素生产率变化情况可以发现，这三个地区的耕地全要素生产率指数变化呈现出较为明显的一升一降特征（见图6-4）。

纵观表6-2可以发现，除了关中地区在1996～1999年耕地全要素生产率指数出现连续的下降趋势以外，其他年份和地区的耕地全要素生产率指数增长或者下降的时间不会超过三年。关中地区耕地全要素生产率的年均增长率为5.2%，陕北地区耕地全要素生产率的年均增长率为6.7%，陕南地区耕地全要素生产率的年均增长率为2.8%，从地理位置上呈现出自北向南依次降低的趋势。

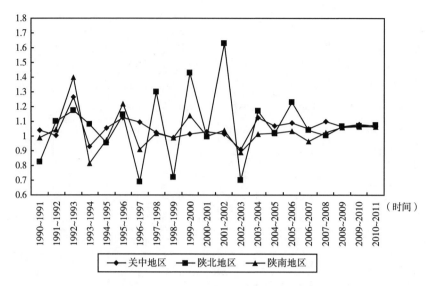

图6-4 陕西省三大区域耕地全要素生产率变化情况

资料来源：笔者自绘。

　　从耕地全要素生产率增长的持续性角度来看，关中地区的耕地全要素生产率共有16年取得了增长，只有1994、1999和2003年这3年出现了下降，其中下降幅度最明显的2003年则是受到"非典"疫情暴发等不利因素影响，而陕北地区和陕南地区则分别有6个和7个年份的全要素生产率出现了下降。三个地区的耕地全要素生产率指数在2003年都出现了较大幅度的下降，这一年陕西省三个地区的耕地全要素生产率增长均为负值。2003年陕西省除了存在长期积累的农业生产、农村经济体制改革以及自1999年以来粮食作物播种面积连续5年减少等多方面问题以外，还遭受了"非典"疫情的冲击，省内部分地区的农业生产更是受到了较为严重的自然灾害的影响。但2004年关中地区和陕北地区均摆脱了上一年度不利形势的影响，耕地全要素生产率指数较上一年分别增长了12.7%和17%，陕南地区虽然增长幅度较小，但较上一年仍有1.6%的增加。通过对表6-2的分析可以发现，在2003年以后耕地全要素生产率回升的过程中，陕南地区与关中地区和陕北地区相比处于相对落后的位置，增长较为缓慢。关中地区耕地全要素生产率累计增长115.5%，陕北地区耕地全要素生产率累计增长140.7%，陕南地区耕地全要素生产率增长69.3%，低于关中地区和陕北地区。

6.2.4　省内各市（区）耕地 Malmquist 全要素生产率指数变动情况分析

表 6 − 3 显示了 1990 ~ 2011 年陕西省各市（区）耕地 Malmquist 全要素生产率指数变动和构成的情况。

表 6 − 3　　　　1990 ~ 2011 年陕西省各市（区）耕地 Malmquist
全要素生产率变化情况

地区		EFFch	TECHch	PEch	SEch	TFPch	TFPch 排名
关中地区	西安市	0.974	1.060	0.974	1.000	1.032	6
	铜川市	0.990	1.058	1.000	0.990	1.048	3
	宝鸡市	0.975	1.060	0.978	0.997	1.033	5
	咸阳市	1.000	1.071	1.000	1.000	1.071	2
	渭南市	0.963	1.065	0.963	1.000	1.026	8
	杨凌示范区	1.009	1.073	1.000	1.009	1.082	1
	关中地区平均	0.985	1.065	0.986	0.999	1.049	—
陕北地区	延安市	1.000	1.040	1.000	1.000	1.040	4
	榆林市	0.999	1.014	0.998	1.001	1.013	11
	陕北地区平均	1.000	1.027	0.999	1.001	1.027	—
陕南地区	汉中市	1.000	1.029	1.000	1.000	1.028	7
	安康市	1.000	1.022	1.000	1.000	1.022	9
	商洛市	1.004	1.014	1.004	1.001	1.018	10
	陕南地区平均	1.001	1.022	1.001	1.000	1.023	—
陕西省平均		0.990	1.043	0.992	0.999	1.033	—

资料来源：笔者自制。

通过对陕西省各市（区）耕地全要素生产率的排序可以发现，关中地区的排名普遍较为靠前，这说明关中地区的耕地全要素生产率增长与陕北地区和陕南地区相比具有较大的优势。关中地区平均纯技术效率和平均规模效率分别仅为 0.986 与 0.999，说明关中地区在对农业生产新技术的采用、农业技术推广和各种信息的传递等方面并未发挥出区位优势，没有对本地区耕地全要素生产率的增长起到推动作用。关中地区技术变化指数的平均值达到了 1.065，通过前面对技术效率、纯技术效率和规模效率变化情况的对比可以发现，关中地区耕地全要素生产率的变化主要是技术进步的变化引起的，这一地区的平均技术进步率达到 6.5%，相对于陕北地区和陕南地区具有较大的优势。

与关中地区相比，陕北地区与陕南地区的平均技术效率分别为 1.000 和 1.001，表明这些地区的技术效率基本没有变化，陕北地区的平均纯技术效率指数与平均规模效率指数分别为 0.999 和 1.001，陕南地区的平均纯技术效率指数与平均规模效率指数分别为 1.001 和 1.000，也没有发生太大的变化。与关中地区类似的是陕北地区与陕南地区，平均技术进步率分别达到了 2.7% 和 2.2%，与同一时期这些地区的耕地全要素生产率的变化趋势基本相同。由此表明，在技术效率没有发生变化的情况下，这些地区耕地全要素生产率的增长主要是技术进步的变化引起的。

表 6-4 展现了陕西省各市（区）在 1990~2011 年耕地全要素生产率和耕地技术效率（包括耕地纯技术效率与耕地规模效率）的变化情况。

表 6-4　　　　1990~2011 年陕西省各市（区）不同时期耕地
Malmquist 全要素生产率变化情况

地区		1990~1995 年（"八五"时期）		1996~2000 年（"九五"时期）		2001~2005 年（"十五"时期）		2006~2010 年（"十一五"时期）	
		TFPch	EFFch	TFPch	EFFch	TFPch	EFFch	TFPch	EFFch
关中地区	西安市	1.052	1.000	1.052	0.995	1.008	0.945	1.005	0.945
	铜川市	1.032	0.971	1.084	1.028	0.983	0.949	1.129	1.030
	宝鸡市	1.071	0.994	1.001	0.952	1.016	0.977	1.061	0.978
	咸阳市	1.095	1.000	1.072	1.000	1.051	1.000	1.060	1.000
	渭南市	1.016	0.959	1.035	0.973	1.007	0.947	1.069	0.978
	杨凌示范区	—	—	1.038	0.988	1.089	1.003	1.139	1.000
	关中地区平均	1.053	0.985	1.047	0.989	1.026	0.970	1.077	0.989
陕北地区	延安市	1.016	1.000	1.039	1.000	1.051	1.000	1.051	1.000
	榆林市	1.017	1.036	0.930	0.881	1.040	1.032	1.113	1.096
	陕北地区平均	1.017	1.018	0.985	0.941	1.046	1.016	1.082	1.048

续表

地区		1990～1995 年("八五"时期)		1996～2000 年("九五"时期)		2001～2005 年("十五"时期)		2006～2010 年("十一五"时期)	
		TFPch	EFFch	TFPch	EFFch	TFPch	EFFch	TFPch	EFFch
陕南地区	汉中市	1.050	1.000	1.045	1.000	0.992	0.997	1.023	0.999
	安康市	1.009	1.000	1.068	1.000	1.000	1.000	1.008	1.000
	商洛市	1.023	1.012	1.070	1.026	0.981	0.994	0.988	0.975
	陕南地区平均	1.027	1.004	1.061	1.009	0.991	0.997	1.006	0.991
陕西省平均		1.038	0.997	1.039	0.986	1.019	0.985	1.058	0.999

资料来源：笔者自制。

通过对表 6-4 的分析可以发现，在"八五"时期，陕西省各市（区）的耕地全要素生产率都有较为显著的增长。其中增长幅度最大的咸阳市的耕地全要素生产率的年均增长率达到 9.5%，增长幅度最小的安康市的年均增长率仅为 0.9%。铜川市、宝鸡市和渭南市在技术效率出现了一定幅度下降的情况下，耕地全要素生产率也分别保持了 3.2%、7.1% 和 1.6% 的增长。

"九五"时期，关中地区和陕北地区的耕地全要素生产率较"八五"时期略有下降，陕南地区较前一时期有一定幅度的增加。其中关中地区的耕地全要素生产率较"八五"时期减少了 0.6%，虽然这一时期的技术效率较前一时期取得了一定程度的提升，但由于这一时期的技术进步率仅为 5.8%，比"八五"时期减少了 1.8%（见表 6-2，下同），由此导致了"九五"时期关中地区的年均耕地全要素生产率增长落后于"八五"时期。陕北地区在"九五"时期的情况与关中地区类似。与关中地区和陕北地区不同，陕南地区在"九五"时期的平均耕地全要素生产率较"八五"时期增长了 3.4%，这与陕南地区技术进步率的增加有关。

"十五"时期，陕北地区的增长幅度最大，平均耕地全要素生产率增长了 4.6%，增长幅度最小的是陕南地区，仅为 -0.9%，陕南地区低于陕西省平均水平 2.8 个百分点。陕北地区的增长明显高于关中地区和陕南地区。"十五"时期陕西省耕地全要素生产率增长主要由关中地区和陕北地区带动，在这一时期关中地区和陕北地区的技术进步率均有一定幅度的上升，而陕南地区却出现了小幅下降。从另一方面来说，陕西省的技术效率除了陕北地区有所增加以外，关中地区和陕南地区均出现了不同程度的下降，其技术效率的下降拉低了陕西省技术效率的整体增长水平。因此，这一时期陕西省耕地全要素生产率的增长主要是依靠技术进步带动的。

"十一五"时期，陕西省的耕地全要素生产率较"十五"时期有了一定程度的增加，由此引起了陕西省5.8%的增幅。

6.3　耕地 Malmquist 全要素生产率增长的收敛性分析

自从威廉·杰克·鲍莫尔（William Jack Baumol，1986）、罗伯特·巴罗和萨拉–伊–马丁（Robort J. Barro and Sala-I-Martin，1992）以及格里高利·曼昆、大卫·罗默和大卫·威尔（Gregory Mankiw，David Romer，David Weil，1992）的开创性探讨以来，对经济增长的收敛性进行分析已逐渐成为经济增长理论实证分析的研究热点之一，本节主要基于这一理论，对关中、陕北和陕南地区的耕地 Malmquist 全要素生产率增长进行空间变动的实证分析。

6.3.1　经济增长收敛性理论

收敛性是表示在封闭的经济系统环境中，一个有效经济范围内不同经济个体（针对某个国家、某个地区或者是某个家庭）的初始静态衡量指标与其经济增长速度之间存在着负相关关系，换言之，落后地区的经济增长率水平高于发达地区的相应水平，最终表现为初始时的静态衡量指标间的差异性逐渐消失。

收敛性可以分为 σ 收敛和 β 收敛两种。σ 收敛主要是指对不同的经济体，随着时间的推移，用标准差衡量的人均收入水平之间的差距表现为逐渐下降的趋势。而 β 收敛主要是指针对人均产出的增长率等其他的人均指标，在初始状态下人均产出水平较低的经济个体成员的经济增长速度高于初始状态下人均产出水平较高的经济个体成员。其中，β 收敛又可以分为绝对 β 收敛（unconditional convergence）和条件 β 收敛（conditional convergence）两种情况。相对于条件 β 收敛而言，绝对 β 收敛具有更加严格的概念，换言之，条件 β 收敛是在绝对 β 收敛基础上的放松假设条件。因此，存在条件 β 收敛不能说明一定存在绝对 β 收敛。β 收敛的优点是直观性较强，但是它对数据具有很高的要求（彭国华 2006）。

σ 收敛（用变异系数衡量）主要用于反映某一区域发展偏离整体发展平均水平的差异性的一种动态演变过程，其不足主要在于不能度量不同经济个体之间的转移性效应。对 β 收敛而言，绝对 β 收敛把其他的经济个体成员作为参考系，而条件 β 收敛将自身的稳态作为参考系。

基于新古典经济增长理论的 σ 收敛和 β 收敛实证分析，国内学者主要对我国经济增长的收敛性和区域间的趋同性进行了诸多的探讨。魏后凯（1997）、蔡昉和都阳（2000）、沈坤荣和马俊（2002）、林毅夫和刘培林（2003）、徐召元和李善同（2006）、刘树成和马晓晶（2007）以及梁隆斌和张华等（2011）学者通过运用 σ 收敛和 β 收敛检验方法取得了显著的成果。

目前，国内农业领域有关耕地 Malmquist 全要素生产率的收敛性的实证分析文献凤毛麟角，而且结论多样化。因此，本书对陕西省耕地生产效率进行 DEA-Malmquist 分解的基础上，进一步运用收敛性理论对陕西省耕地 Malmquist 全要素生产率增长的收敛性进行实证探讨，不仅是对之前相关研究的补充，还能加深对陕西省耕地 Malmquist 全要素生产率增长的空间演变过程的理解。

6.3.2　σ 收敛检验分析

σ 收敛检验分析主要反映了陕西省关中、陕北和陕南三大区域之间耕地 Malmquist 全要素生产率差异变动的水平趋势，一般通过标准差来衡量，本书主要采用变异系数这一衡量指标进行检验。变异系数计算公式设定如下：

$$CV = \delta / \overline{TFP} \tag{6-10}$$

在式（6-10）中，δ 表示耕地 Malmquist 全要素生产率（TFP）的标准差，$\overline{TFP}$ 为不同年份的耕地全要素生产率的平均值，CV 表示变异系数，作为 σ 收敛的检验指标。

从图6-5可以看出，1991～2011年，陕西省耕地Malmquist全要素生产率的 σ 收敛总体上呈下降的趋势，变异系数值从最初的0.0981下降至2011年的0.0039，下降了96.32%。虽然这一时期的变异系数在不断变化，但基本上在0.014～0.24波动。从整体变动趋势来看，可以将陕西省耕地Malmquist全要素生产率的 σ 收敛的变动趋势分为三个阶段。第一阶段（1991～1996年）出现一个缓慢的下降趋势，1996年的变异系数较1991年下降了近65%。虽然1992～1994年呈快速上升的趋势，但这一时期总体的趋势仍为下降趋势。第二阶段（1997～2001年）表现为快速下降趋势，变异系数值从1997年的0.1829下降至2001年的0.0146，下降了92%。第三阶段（2002～2011年）也存在快速下降的趋势，变异系数值从2002年的0.2311下降至2011年的0.0039，10年间下降了98%。在这一时期，2002年的变异系数值从2001的最低值迅速上升至整个时期的最高值。虽然21年间存在显著的波动，但陕西省耕地TFP的变异系数整体表现为一个下降的趋势，这表明在1990～2011年，关中、陕北和陕南的耕地生产率逐渐趋于一致，没有呈现出显著的差异性。

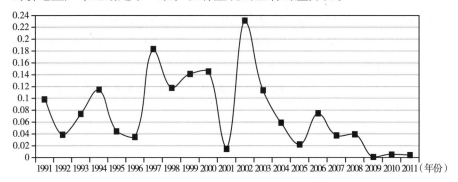

图6-5　1991～2011年陕西省耕地Malmquist全要素生产率的 σ 收敛变动趋势
资料来源：笔者自绘。

对陕西省耕地Malmquist全要素生产率的收敛情况进行进一步检验，检验模型设定如下：

$$\sigma_{TFP_t} = c + \theta \times t + \mu_t \qquad (6-11)$$

在式（6-11）中，σ_{TFP_t}表示全要素生产率在第 t 时期的标准差，c 为截距项，t 表示时间趋势项，μ_t 表示模型的随机干扰项。对系数 θ 进行如下说明：当 $\theta > 0$ 且在统计上显著时，则表示陕西省关中、陕北和陕南三个区域的耕地生产率水平的差异在逐年缩小，即存在耕地 Malmquist 全要素生产率的水平收敛；当 $\theta < 0$ 且在统计上显著时，则表示陕西省关中、陕北和陕南三个区域的耕地生产率水平的差异在逐渐扩大，即存在耕地 Malmquist 全要素生产率的水平发散；当 $\theta = 0$ 时，则表示陕西省关中、陕南和陕北三大区域的耕地生产率水平的差异没有发生变动，即不存在陕西省耕地 Malmquist 全要素生产率的水平收敛及水平发散。

本书分时段对陕西省耕地 Malmquist 全要素生产率 σ 收敛情况进行回归检验。考虑到研究目的，这里只列出相关的 θ 值以及显著性检验（见表 6 - 5）。从表 6 - 5 中可以看出，相关数据验证了前文得出的结论，即陕西省耕地 Malmquist 全要素生产率增长的收敛性趋势。

表 6 - 5　　　　　　　　　　σ 收敛的 θ 值检验结果

时间跨度	θ 值	标准差	t 统计值
1990 ~ 1996	- 0.0068	0.0077	- 0.8840
1997 ~ 2001	- 0.0257	0.0178	- 1.4450
2002 ~ 2011	- 0.0187	0.0049	- 3.8370

资料来源：笔者自制。

6.3.3　绝对 β 收敛检验分析

进行区域间收敛性检验时，使用横截面数据得出的结论对样本的时间跨度很敏感，基于以上考虑，将进行分时段的综合性检验。绝对 β 收敛检验的回归模型设定如下：

$$LN \frac{TFP_{it}}{TFP_{i0}} / T = \alpha + \beta_1 \times LNTFP_{i0} + \mu_t \qquad (6 - 12)$$

在式（6 - 12）中，TFP_{i0} 和 TFP_{it} 表示为 i 地区基期和报告期的生产率指数，T 表示时间跨度，这里的 $T = 21$，当回归系数 $\beta_1 < 0$，表示陕西省耕地 Malmquist 全要素生产率的变动存在绝对 β 收敛。

从表6－6中可以看出，对不同时段的陕西省耕地 Malmquist 全要素生产率变动的绝对 β 收敛检验结果，收敛速度 β_1 值均为负，而且在统计上是显著的，这一结果验证了陕西省耕地 Malmquist 全要素生产率存在绝对 β 收敛，表明陕西省关中、陕北和陕南三大区域间耕地 Malmquist 全要素生产率差异在逐年递减。同时，从分时段的检验结果可以发现，不同时段的收敛速度存在很大差异，1997～2001 年，收敛速度为 3.91%，而 2002～2011 年收敛速度上升至 5.51%。除了 1992～1996 年这一时期外，1997～2011 年陕西省耕地 Malmquist 全要素生产率的收敛速度呈现出一个逐渐增加的趋势。从表6－6中也可以发现，1992～2011 年整个时期的收敛速度为 5.14%。

表6－6　　陕西省耕地 Malmquist 全要素生产率变动的绝对 β 收敛检验

时间跨度	β_1 值	标准差	调整 R^2
1992～2011	－ 0.0514	0.0091	0.3427
1992～1996	－ 0.0565	0.0197	0.3414
1997～2001	－ 0.0391	0.0231	0.1174
2002～2011	－ 0.0551	0.0110	0.4531

资料来源：笔者自制。

6.3.4　条件 β 收敛检验分析

由于绝对 β 收敛的结果没有排除存在条件 β 收敛的可能性，因此通过常用的面板数据固定效应模型进行条件 β 收敛的检验分析。运用固定效应面板数据模型具有以下几个优点：一是能够很好地避免遗漏变量的问题，也能消除正确选择因变量的主观性；其次，有效地降低了因变量个数过多而引起的多重共线性问题；再次，不需要再加入其他的控制变量，消除数据可获性的问题；最后，面板数据固定效应模型允许随机扰动项和因变量存在相关关系，这恰好和区域研究中的随机扰动项和因变量之间存在相关关系保持了一致性，而面板数据的随机效应模型的假设之一是因变量和随机扰动项之间不能存在相关关系（高铁梅，2009）。条件 β 收敛检验的模型设定如下：

$$d(LNTFP_{it}) = LN\frac{TFP_{it}}{TFP_{it-1}} = \alpha + \beta_2 \times LNTFP_{it-1} + \mu_t \qquad (6-13)$$

在式（6-13）中，TFP_{it} 和 TFP_{it-1} 分别表示第 i 个区域在第 t 年和 $t-1$ 年的生产率水平，其中模型回归系数 β_2 表示收敛速度，当 $\beta_2 < 0$ 时，表示陕西省耕地生产率存在条件 β 收敛。

表6-7 提供了 1992～2011 年陕西省耕地 Malmquist 全要素生产率变动的条件 β 收敛的面板数据固定效应模型的检验结果。这一检验结果验证了陕西省耕地 Malmquist 全要素生产率存在显著的条件 β 收敛，表明陕西省关中、陕北和陕南三大区域的耕地 Malmquist 全要素生产率差异呈现出逐渐缩小的趋势。从分时段的检验结果可以看出，1997～2001 年这一时期的收敛速度较 1992～1996 年的同期水平有所增加，而 2002～2011 年的收敛速度又进入一个下降期。

表6-7　陕西省耕地 Malmquist 全要素生产率变动的条件 β 收敛检验

时间跨度	β_2 值	标准差	调整 R^2
1992～2011	-1.5628	0.1067	0.7819
1992～1996	-1.3668	0.2620	0.6368
1997～2001	-1.7049	0.1913	0.8452
2002～2011	-1.5764	0.1592	0.7662

资料来源：笔者自制。

通过以上分析，表明 1990～2011 年陕西省耕地 Malmquist 全要素生产率增长不仅存在着 σ 收敛，而且存在着绝对 β 收敛和条件 β 收敛。由此表明，陕西省各个地区之间的耕地 Malmquist 全要素生产率差异随着时间的推移将逐渐缩小，终将趋于一个相同的水平。

第7章　基于 Tobit 模型的陕西省耕地生产效率影响因素分析

　　第 5 章和第 6 章分别运用非参数 DEA 方法和 Malmquist 全要素生产率方法对陕西省耕地生产的技术效率、纯技术效率、规模效率、技术变化以及全要素生产率进行了较为详尽的分析，但是究竟是哪些因素影响了陕西省耕地生产效率？它们的影响程度如何？这些都是本章需要解决的问题。

　　近年来许多专家和学者对影响耕地生产效率的因素提出了很多不同看法。屈小博（2008）对不同经营规模的农户市场行为进行了实证研究，结果表明农户经营规模与生产技术效率的关系呈倒"U"型的变化趋势，农户生产效率最高的为中等经营规模者，过大规模或较小规模经营体量的生产技术效率较低。顾冬冬等（2020）在对耕地流转、土地调整与小麦种植技术进行效率分析时表明，流转户的小麦技术效率高于未流转户，土地流转能在一定程度上提高小麦技术效率；无论是流转户还是未流转户，其土地未调整户的小麦技术效率都高于土地调整户。马林静等（2015）研究农村劳动力资源变迁对粮食生产技术效率的影响时表明，在不同的粮食生产区，劳动力的非农转移对生产效率的影响不同，粮食平衡区受到的影响最大，粮食主要销售区受到的影响最小；农村人力资源投入与粮食生产技术效率之间存在一定的正向作用关系。陈艺琼（2017）通过建立计量经济模型，对农户家庭人力资源投入配置方式与效率进行了实证研究，结果表明，农户家庭人力资源的结构、体能素质、技能素质和配置方式等主客观条件均能够对家庭生产效率和收入效率产生相应影响。沈雪等（2017）在对湖北省农户水稻生产技术效率及其影响因素的研究中发现，年龄、受教育程度、灌溉条件、社会网络对小规模农户有显著的影响，技术培训对中

122

规模组农户有显著影响，土地细碎化对中规模与大规模组农户均具有显著
影响。张超正等（2020）在对农地细碎化以及耕地质量对水稻生产效率的
影响中发现，耕地质量对岗地平原区和低山丘陵区水稻产量和技术效率的
影响均显著为正；农业收入比例、人均年纯收入和商品率对技术效率的影
响显著为正。王思博等（2019）以白莲绿色化种植为例，分析特色经济作
物绿色生产效率影响因素及传导路径，结果表明预期稳定的局部耕地制度
环境、充足的资本禀赋能够同时改善纯技术效率与规模效率，提升综合技
术效率；较高的文化程度、良好的健康状况、精细化的种植方式等影响因
素主要通过提升纯技术效率改善综合技术效率。刘依杭（2021）基于小麦
主产区 4 个省份的 946 个不同规模农户的调查数据，利用 DEA 模型和
Tobit 回归模型分析了小农户和家庭农场农业生产效率的影响机制。结果
表明：家庭农场的农业生产效率明显高于小农户的农业生产效率，家庭农
场的生产效率与经营规模呈倒"U"型变化特征；在影响因素方面，土地
肥沃程度与农业技术指导对小农户和家庭农场的农业生产效率均有显著正
向影响；家庭农场更倾向于通过提高受教育程度和增加单块耕地面积来提
升农业生产效率；小农户的农业生产效率对农户年龄和农户从事农作物种
植年限则呈现出较强的依赖性。

　　从专家学者们对影响耕地生产效率的分析中可以发现，影响耕地生产
效率的因素均是耕地生产过程中的不可控因素，大致上可以分为以下几个
方面：一是区域耕地的耕作条件，如耕地的等级、区域气候条件、耕作制
度、劳动者素质等；二是区域经济社会的整体发展水平；三是国家以及地
方的一系列影响农业生产、耕地保护与利用的多种政策、法规和措施。那
么，具体是哪些因素影响着陕西省的耕地生产效率，这些因素对耕地生产
效率的影响程度又如何——本章将进一步对这些因素进行分析。

7.1　影响因素变量的选择与假设

　　根据现有对耕地生产效率影响因素的分析，结合陕西省耕地生产过程
中的实际情况，本书认为目前影响陕西省耕地生产效率的因素主要为以下
几个方面。

7.1.1　农村劳动力投入变量

劳动力是农业生产中最重要的投入变量之一，劳动力的投入数量以及劳动力的生产效率都可能对耕地生产效率产生一定的影响。然而在较多的农业劳动力和较少的耕地资源禀赋的现实条件下，由于人均资源禀赋稀少导致贫困且长期被迫依附于耕地的农业劳动力必然更多地选择向城市流动。因此，农业劳动力的转移是市场经济条件下农民的理性选择，也是工业化与城镇化的必然规律。随着工业化与城镇化进程的进一步加快，农业劳动力相对短缺的现象将愈发凸显，对耕地投入产出的影响也将更为明显。

本章采用农村劳动力平均耕种面积这一指标来考察劳动力资源对耕地生产效率的影响程度。在一定耕种范围且产出不变的情况下，农业劳动力的平均耕种面积越大，将越有利于提高耕地生产效率，即单位农村劳动力耕种规模对耕地生产效率有正向影响。

7.1.2　耕作条件变量

耕地生产效率除了受劳动力资源投入的影响以外，还可能受到其他耕作条件变量的影响，例如农用机械总动力、化肥施用量、复种指数以及有效灌溉率等。以上农业生产条件均是农业生产过程中必不可少的重要因素，这些因素的合理投入必将对农业产出与耕地生产效率产生一定的影响。

因此，在一定的耕种范围内，并且在考虑到边际效用递减规律的情况下，假设耕种条件越好，例如单位耕地面积农用机械动力投入和化肥施用量越多，复种指数越高，有效灌溉率越大，就越有利于耕地生产效率的提高，即单位耕地面积农用机械总动力、单位耕地面积化肥施用量、耕地复种指数和有效灌溉率将对耕地生产效率有正向影响。

7.1.3　自然条件变量

众所周知，耕地的产出除了受到人为因素的影响之外，对其影响最大的就是自然条件因素。陕西省是一个水旱灾害频发的省份，由于受到气候条件、地理位置和地貌特征等因素的影响，陕西省自北向南各地区经常遭受到干旱以及洪涝灾害的影响，这些自然灾害不但影响了耕地的产出，更破坏了生态环境，特别是耕地资源的损失必将对今后的农业生产以及区域范围的粮食安全产生深远的影响。

因此，在一定的耕作条件下，假设耕地遭受自然灾害影响的面积越多，则自然灾害对耕地产出的影响程度越大，即假设农田受灾程度（本书采用农作物受灾面积这一变量予以考察）将对耕地生产效率产生负向影响。

7.1.4　经济发展特征变量

从耕地资源的角度来说，经济发展水平与地区耕地生产效率关系密切。由于各地区经济发展水平不同，对耕地生产情况的把握和农业生产资源的配置也会有所不同。发达地区的经济实力相对雄厚，因此可以将更多的资金投入到改善农业生产条件的过程中，以此促进当地耕地生产效率的提高。而经济欠发达地区缺乏相应的资金支持，无法通过资金投入获得耕地生产效率的改善。耕地资源作为一种有限的资源，它的稀缺性导致了经济较为发达的地区往往会采用节约的资源利用方式，进而在相对有限的耕地资源条件下获得更大的产出。而经济欠发达地区往往会采用更为粗放的资源利用方式，这将不利于改善耕地生产效率。

另外，受教育水平差异的影响，人们对资源的保护与有效利用的认识程度也会产生较大的差异。在经济较为发达的地区人们往往更为重视资源的保护与开发利用，在农业生产的过程中表现为更加重视耕地资源的合理利用，从而对当地耕地生产效率的改善产生促进作用。因此采用人均国内生产总值这一指标来衡量区域经济发展水平，人均国内生产总值越高，当地的经济发展状况越好，即假设人均国内生产总值对耕地生产效率有正向影响。

同时，农村地区的经济发展程度与农民人均纯收入有着较为密切的关系。农民人均纯收入水平越高，用于改善农业生产经营条件的资金将越多，越利于提高农业生产技术水平，进而对改善当地的耕地生产效率有促进作用。因此,假设农民人均纯收入对耕地生产效率有正向影响。

7.1.5 财政支农变量

农业是我国国民经济的基础产业,在国民经济发展中占有非常重要的位置,农业的发展不仅关乎国民经济的整体发展,更关乎国家的粮食安全以及全社会的稳定。公共财政理论和实践两个方面都表明农业的发展离不开国家财政的支持。财政支农政策的积极作用主要体现在两个方面:第一,财政支农政策是国家调控农业生产进而影响农民收入的基本工具;第二,财政支持能有效地解决促进农业增长所必需的众多公共产品的外部性问题,具有规模经济的优势。从国际社会的经验来看,无论是发达国家还是发展中国家,通过一定程度的财政支出来扶持本国的农业发展,已经成为许多国家农业经济增长过程中必不可缺的重要因素。

目前我国农民收入水平不高,个人农业投资有限,财政支农力度对促进农业增长与农民增收具有重要意义,它不仅是农业投入构成的主要来源之一,对基于公共产品供给的农业基础设施建设来说,更是唯一的来源。中华人民共和国成立以来,我国各级政府用于农业的财政支出主要由农业基本建设支出、农业科技三项费用、支援农村生产支出、农村救济费、农林水利气象等部门的事业费组成。财政支农政策长期以来在水土保持、农田水利基本建设、农业科研及农业技术推广等方面进行了大量的投资,对我国农业生产力的提高、农产品有效供给以及农民增收均有不可替代的作用。因此,假设财政支农力度对耕地生产效率有正向影响。

7.1.6 政策因素变量

"西部大开发战略""退耕还林"等各项政策的实施对促进区域农业发展以及耕地资源保护均起到了积极作用。由于陕西省于1999年开始实施退耕还林工程并颁布《土地管理法》,所以本书以1999年为节点设置政策虚拟变量,即假设一系列政策的实施对耕地生产效率有正向影响。

7.1.7 耕地质量等级变量

耕地质量等级反映耕地综合质量的优劣，通常情况下将耕地质量从劣到优共分为 15 个等级，陕西省自北向南跨越三个气候带，耕地质量等级同样存在着巨大的差异。通过现有的研究资料可以发现，陕北地区耕地质量主要位于 2~5 等，关中地区耕地质量主要位于 2~15 等（以 8~15 等居多），陕南地区耕地质量主要为 3~14 等。陕西省中央与省级产粮大县分布情况见表 7-1。

表 7-1　　　　　　　　　陕西省中央与省级产粮大县

地区	中央产粮大县	省级产粮大县
西安市	1. 高陵区 2. 鄠邑区 3. 临潼区 4. 周至县 5. 长安区	1. 阎良区
宝鸡市	6. 陈仓区 7. 凤翔区 8. 扶风县 9. 岐山县	2. 千阳县 3. 眉县
咸阳市	10. 泾阳县 11. 兴平市 12. 乾县	4. 武功县 5. 三原县
渭南市	13. 临渭区 14. 富平县 15. 蒲城县	6. 华州区 7. 韩城市 8. 澄城县 9. 合阳县
汉中市	—	10. 汉台区 11. 洋县 12. 勉县 13. 城固县 14. 南郑区
安康市	—	15. 汉滨区
商洛市	—	16. 洛南县
省管县	16. 蓝田县 17. 大荔县	—

注：本表资料来源于陕西省财政厅网站。

从表 7-1 可以发现，中央级的 17 个产粮大县均位于以西安市、宝鸡市、咸阳市和渭南市为代表的关中地区，省级 16 个产粮大县中的 9 个位于关中 4 市，其他 7 县均位于以汉中市、安康市和商洛市为代表的陕南地区，陕北地区的延安市和榆林市没有产粮大县。对于产粮大县的分析也从侧面反映了陕西省各地区的耕地质量等级状况：关中地区的耕地质量等级最高，陕南地区次之，陕北地区最低。为使研究结果更加清晰，在考察耕地质量等级对耕地生产效率的影响程度时，本书统一采用关中地区耕地面积占陕西省耕地面积比重这一指标进行考察。

通过前文的分析，影响耕地生产技术效率的因素主要包括农村劳动力投入数量、耕作条件、自然条件、经济发展特征、财政支农力度、政策因素和耕地质量等级等。本书将前文计算出的陕西省耕地技术效率作为被解释变量，选取以下解释变量对表7-2中的影响效应假设进行验证：农村劳动力人均播种面积（公顷/人）；单位耕地面积农用机械动力（千瓦/公顷）；单位耕地面积化肥施用量（千克/公顷）；耕地复种指数；有效灌溉率（%）；受灾面积占农作物播种面积比重（%）；人均国内生产总值（元）；农民人均纯收入（元）；财政支农支出占财政支出比重（%）；政策虚拟变量；耕地质量等级变量。以上变量数据均由《陕西统计年鉴》《中国统计年鉴》《中国农村统计年鉴》《中国农业年鉴》和《陕西经济年鉴》整理得出。由于陕西省于1999年开始实施退耕还林工程并颁布《土地管理法》，所以本书以1999年为节点设置政策虚拟变量。结合第六章对陕西省耕地技术效率的分析结果，对1990~2015年陕西省耕地技术效率的影响因素进行研究，表7-3为1990~2015年相关影响因素变量数据。

表7-2　　　　　　　模型变量设置及各影响因素影响效应假设

变量名称	符号	影响效应假设
耕地技术效率	CLTE	
农村劳动力投入变量		
农村劳动力人均播种面积（公顷/人）	AAL	+
耕作条件变量		
单位耕地面积农用机械动力（千瓦/公顷）	UCLAMP	+
单位耕地面积化肥施用量（千克/公顷）	CFUCL	+
耕地复种指数	CI	+
有效灌溉率（%）	EIR	+
自然条件变量		
受灾面积占农作物播种面积比重（%）	AAPTCA	−

128

续表

变量名称	符号	影响效应假设
经济发展特征变量		
人均国内生产总值（元）	GDPPC	+
农民人均纯收入（元）	PCNIF	+
财政支农变量		
财政支农支出占财政支出比重（%）	SFSFA	+
政策因素变量		
政策虚拟变量	PDV	+
耕地质量等级变量		
关中地区耕地面积占陕西省耕地面积比重（%）	QGL	+

资料来源：笔者自制。

表 7 - 3   1990 ~ 2015 年陕西省耕地生产效率的影响因素变量

年份	AAL	UCLAMP	CFUCL	CI	EIR	AAPTCA	GDPPC	PCNIF	SFSFA	PDV	QGL
1990	0.4835	2.0155	230.79	1.3757	35.77	47.54	1241	530	16.07	0	52.92
1991	0.4632	2.0587	244.21	1.3864	36.44	52.93	1402	534	18.97	0	52.76
1992	0.4568	2.0960	260.03	1.4002	37.27	57.64	1571	559	17.73	0	52.65
1993	0.4515	2.1197	276.56	1.3850	38.16	36.42	1981	653	13.72	0	52.42
1994	0.4554	2.1605	294.88	1.4049	38.76	65.25	2424	805	13.02	0	52.10
1995	0.4258	2.3000	330.02	1.3252	39.29	74.82	2965	963	11.95	0	51.86
1996	0.4539	2.3876	343.94	1.4223	40.22	51.92	3446	1165	11.54	0	51.62
1997	0.4279	2.6628	351.49	1.3546	41.81	58.00	3834	1285	11.61	0	51.43
1998	0.4451	2.8473	375.57	1.4223	44.75	83.08	4070	1406	11.29	0	51.23
1999	0.4495	3.1214	407.59	1.4595	40.39	57.31	4415	1456	10.45	1	51.97
2000	0.4509	3.3615	421.30	1.4629	42.20	63.98	4968	1470	12.80	1	52.89
2001	0.4291	3.7081	441.87	1.438	44.31	52.53	5506	1520	13.64	1	54.28
2002	0.4187	4.0859	461.99	1.4706	46.05	80.01	6145	1596	14.67	1	54.58
2003	0.4101	4.3926	510.51	1.463	45.49	34.34	7028	1676	15.62	1	54.61

129

年份	AAL	UCLAMP	CFUCL	CI	EIR	AAPTCA	GDPPC	PCNIF	SFSFA	PDV	QGL
2004	0.4461	4.6754	512.00	1.5393	46.39	25.69	8587	1867	21.59	1	54.76
2005	0.4588	5.0432	528.25	1.5748	46.58	24.44	10161	2052	15.63	1	54.68
2006	0.4580	5.2184	537.96	1.5737	47.15	62.54	12138	2260	14.18	1	54.29
2007	0.4333	5.5481	559.05	1.4238	45.32	55.22	14607	2645	9.50	1	53.45
2008	0.4701	5.9877	564.88	1.5007	44.42	24.26	18246	3136	10.24	1	53.20
2009	0.4713	6.0159	569.21	1.5104	45.63	24.89	20457	3259	10.35	1	53.31
2010	0.4769	6.9917	583.25	1.5383	44.92	25.33	21597	3605	13.25	1	53.61
2011	0.4782	7.6297	603.74	1.5729	44.54	26.87	23643	4528	13.89	1	53.78
2012	0.4804	8.2051	622.15	1.5933	44.59	27.14	25735	5263	14.71	1	53.89
2013	0.4833	8.5431	647.38	1.6142	42.14	25.16	26819	6592	14.92	1	54.20
2014	0.4845	8.9049	625.14	1.6257	42.79	26.39	26993	7432	15.61	1	54.11
2015	0.4826	9.1845	633.26	1.6479	42.59	27.03	27149	8189	16.12	1	54.20

资料来源：根据《陕西统计年鉴》《中国统计年鉴》《中国农村统计年鉴》相关数据整理。

7.2 模型选择

运用 DEA 方法并不能直接找到影响效率的因素。为了在应用 DEA 方法的同时了解系统效率的影响因素及影响程度，1998 年外国学者在 DEA 分析的基础上衍生出了两步法。该方法第一步采用 DEA 分析方法评估出决策单元的效率值，第二步以上一步得出的效率值作为因变量，以影响因素等作为自变量建立回归模型。因为通过 DEA 方法得出的效率指数介于 0 和 1 之间，所以回归方程的因变量就被限制在这个区间。通常情况下，当对因变量与自变量进行回归分析时，对连续无界的数据通常都采用最小二乘法（OLS），但是在实际研究的过程中，往往会出现异质或者异等数据不满足最小平方法的一些基本假设条件。因此，如果继续采用最小二乘法进行分析，将使分析结果产生较大的偏差。针对上述这些问题，瑞典经济学家詹姆士·托宾（James Tobin）在 1958 年提出了针对受限因变量（limited dependent variable）的计量经济学模型，即 Tobit 回归分析模型。受限因变量通常是指当因变量的观测值是连续的，但是由于受到某些限制，得到的观测值并不能完全反映出因变量的实际状况。由于因变量是受限制的，因此不能采用最小二乘法进行回归分析，而是需要采用最大似然估计法（maximum likelihood estimator，MLE）对变量参数进行估计的 Tobit 模型。

　　Tobit 模型是用于因变量受限制时的一种回归模型，当因变量为切割值（truncated）或片断值（censored）时采用这一模型。它运用极大似然估计法既可以分析连续型数值变量，也可以分析虚拟变量。标准 Tobit 模型如下：

$$Y_i^* = X_i \beta + \varepsilon_i$$
$$Y_i = Y_i^* \qquad if \quad Y_i^* > 0$$
$$Y_i = 0 \qquad if \quad Y_i^* \leq 0 \tag{7-1}$$

Y_i^* 为潜变量（latent dependent variable），Y_i 为观察到的因变量，X_i 为自变量向量，β 为相关系数向量，ε_i 为独立的且 $\varepsilon_i \sim N(0, \sigma)$，因此 $Y_i^* \sim N(X_i \beta, \sigma)$。

　　采用两步法分析效率及其影响因素在国外的教育学、医院管理中已经比较成熟。该方法近年来在我国也被应用于效率评价与分析的诸多领域。涂俊等（2006）运用两步法分析了区域农业创新系统效率；马雁军（2008）通过两步法对政府绩效进行了评价；李燕凌（2008）以湖南省为例，采用 14 个市（州）的截面数据分析了财政支农支出效率水平及其影响因素；梁文艳等（2009）分析了西部农村小学的办学效率及其影响因素；唐玲等（2009）测算了 1998～2007 年中国工业行业能源效率，并利用 Tobit 模型对工业经济转型对能源效率提升的影响机制进行了研究；王胜（2010）运用两步法，对分税制以来中国地方政府财政支农分级支出绩效及其外部影响因素进行了实证分析。由此可见，DEA-Tobit 两步法已经成为效率分析中较为成熟的方法，但将两步法用于土地，特别是耕地效率分析的文章仍旧很少。

　　根据上述分析，本章决定采用 Tobit 回归分析模型对影响耕地生产效率的一系列影响因素进行分析。

7.3 耕地生产效率影响因素分析

7.3.1 耕地技术效率的影响因素分析

根据本章第一节中选取的影响因素变量，结合第4章陕西省耕地技术效率的计算结果，运用 Stata 10.0 软件，对陕西省耕地技术效率绩效值（即规模报酬可变条件下的技术效率值）进行面板数据的 Tobit 回归，计算结果见表 7-4。

表 7-4　　　　　　　陕西省耕地技术效率 Tobit 回归结果

解释变量	系数	标准差	T 值	显著性
农村劳动力人均播种面积（公顷/人）	-0.6913725	1.17252	-0.59	0.564
单位耕地面积农用机械动力（千瓦/公顷）	-0.4236243	0.1261799	-3.36	0.004 ***
单位耕地面积化肥施用量（千克/公顷）	-0.0005456	0.0007368	-0.74	0.470
耕地复种指数	0.6908705	0.4085834	1.69	0.112
有效灌溉率（%）	0.0414547	0.0111532	3.72	0.002 ***
受灾面积占农作物播种面积比重（%）	-0.0014429	0.0007256	-1.99	0.065 *
人均国内生产总值（元）	0.000055	0.0000225	2.45	0.027 **
农民人均纯收入（元）	0.0001974	0.0000438	4.51	0.000 ***
财政支农支出占财政支出比重（%）	-0.0145729	0.0051249	-2.84	0.012 **
政策虚拟变量	0.1034663	0.0670812	1.54	0.144
关中地区耕地面积占陕西省耕地面积比重（%）	0.0569267	0.0251259	2.27	0.039 **

注：* 、** 、*** 分别表示在10%、5%和1%水平下显著。
资料来源：笔者自制。

从表 7-4 中可以看到,在 1% 水平下显著的变量有单位耕地面积农用机械动力、有效灌溉率、农民人均纯收入;在 5% 水平下显著的变量有人均国内生产总值、财政支农支出占财政支出比重、关中地区耕地面积占陕西省耕地面积比重;在 10% 水平下显著的变量为受灾面积占农作物播种面积比重。

（1）单位耕地面积农用机械动力对陕西省耕地技术效率具有显著负向影响,这一结果与前文的假设相反。这表明在一定程度上,单位耕地面积使用的农用机械越多,耕地生产效率越低。从耕地单位面积产出的实际情况来看,无论农业机械化程度有多高,耕地产出的决定性因素是耕地资源总量,耕地资源的供给量不会因规模化或机械化的提高而增加。在耕地资源数量没有有效增加的前提下,生产的规模化与机械化经营提高的是人均生产率,而非真正意义上的耕地产出率。

机械化水平的提高相当于扩展了生产的最佳前沿面,相对于目前的耕地生产效率水平而言,生产技术利用的非有效性程度将扩大,耕地技术效率必然会受到一定影响,这与郑循刚（2009）的研究结论相一致。

结合陕西省的实际情况,由于全省大多数农户的耕地面积较小,农业机械的大量使用反而可能会改变长久以来农户小规模精耕细作的生产方式,耕地的生产潜力不能得到充分挖掘。这一结论与贺雪峰教授（2010）从农户微观角度得到的研究观点基本一致。

另外,陕北黄土高原丘陵沟壑区的大多数耕地属于坡度较大的坡耕地,并不利于大型农业机械展开作业;陕南秦巴山区属于典型的“八山一水一分田”地貌,境内沟壑纵横,重峦叠嶂,耕地以旱坡地为主,地块分布零碎,绝大多数耕地不具备机械化耕作条件,这些都是导致单位耕地面积农业机械总动力对耕地技术效率负向影响显著的主要原因。

（2）有效灌溉率对耕地技术效率正向影响显著。陕西省水资源总量不足,时空分布不均,尤其是关中地区和陕北地区,水资源紧缺一直是制约当地农业生产和耕地产出的主要因素。因此完善中小灌区配套设施,提高有效灌溉面积,对提高陕西省耕地技术效率具有显著的推动作用。

（3）受灾面积占农作物播种面积比重对陕西省耕地技术效率负向影响显著。由于自然灾害的偶发性特点,受灾面积占农作物播种面积比重与耕地生产效率之间存在着显著的相关关系。

陕西省横跨三个气候带,南北气候差异较大,是一个水旱灾害多发的省份，农业又是受自然因素影响最大的产业部门。自然灾害中最为主要的是旱灾，20世纪90年代尤为严重，1998年受灾面积占播种面积的83.08%。因此，必须大力改善农业生产条件，增强农业对自然灾害的抵御能力，同时，政府部门每年应投入一定数量的资金用于加强对气象灾害的监测预报，抓好农田水利基本建设，增强农业生产的防灾抗灾能力，提高农业综合生产水平，提高耕地的技术效率。

（4）财政支农力度对耕地技术效率的负向影响较为显著，这一结果与前文的假设相悖。从理论上来说，财政支农力度的加大能为农业生产提供更多的公共产品，从而扩大农业和农村发展的资金供给水平，促进耕地产出的增加，并进一步推动耕地生产效率的提高。但是，Tobit模型回归结果清楚地显示，财政支农力度的增加不仅没有促进耕地生产效率提高，反而起到了抑制作用。这一结果显然与前文的假设不一致，同时也与政策制定者的初衷背道而驰。但是，这一结果并不能否定财政支农政策对支持农业和农村经济发展的必要性。它揭示的恰恰不是政府现行相关政策的错误，而是证实了财政支农政策在制定与实施过程中存在的一些问题，从而制约了它的正常发挥（李焕彰等，2004）。

安东尼·巴恩斯·阿特金森（Anthony Barnes Atkinson，1980）指出，政府干预并不一定导致帕累托改善。首先，长期缺乏有效的监督机制，财政支农资金配置不合理，许多资金被非法占用、挪用，导致无效投入和支出占据相当大的比例，从而分流了农业和农村发展的有效资金供给。其次，相关部门资金使用不规范造成了财政支农资金从农业流入了其他产业，使得某些地区支农资金短缺的状况难以得到缓解。

政府财政资金对农业生产的支援主要用于农村基础设施建设与农业生产技术的推广等方面，特别是农村基础设施（如农田水利设施）的改善非常有利于农村耕作条件，促进了耕地产出的增加。与此同时，过多依赖政府投入导致了农民自主投资的积极性不高，农民的技术创新能力与应用新技术的主动性也受到了抑制。因此，宏观财政支农政策的效果并不明显。

另外，财政支农资金的大量挤占、挪用，以及资金配置的低效都是财政支农政策效果不明显的原因。因此，规范各级地方政府的行为，建立有效的财政支农资金管制机制，才能使国家对农业和农村的扶持落到实处，缓解农业发展资金短缺的现实问题。

对以上 4 个影响因素的分析，仅仅是从 Tobit 回归模型的结果中得出的对陕西省耕地技术效率影响显著的解释变量，其他影响不显著的因素并不意味着它们对耕地生产效率没有影响。

模型回归结果表明农村劳动力人均播种面积与单位耕地面积化肥施用量对陕西省耕地技术效率有负向的影响，虽然影响程度并不显著，也与前面的假设相悖。

前文已经提到过，农民的精耕细作是保证单位耕地面积产出的关键因素，农村劳动力人均播种面积扩大到一定水平时必然会导致单位面积的劳动力资源投入相对稀缺，因此会对耕地生产效率产生一定的抑制作用。张忠明等（2010）通过对农户粮地生产效率的微观研究也证明了这一结论，研究结果表明小规模农户的粮食生产效率相对较高，中等规模农户生产效率普遍偏低。

单位耕地面积化肥施用量对耕地生产效率有负向影响，这一结果与边际效用递减规律相吻合，当单位耕地面积化肥投入量达到一定水平后，即投入数量出现冗余以后，便不会对耕地的产出起到促进作用，因此，在耕作过程中应该根据各地区耕地的实际情况，确定合理的化肥施用量，从而促进耕地生产效率的提高。

7.3.2　耕地规模效率的影响因素分析

通过对陕西省耕地技术效率的相关影响因素分析可以发现，单位耕地面积农用机械动力、有效灌溉率、农民人均纯收入、人均国内生产总值、财政支农支出占财政支出比重、受灾面积占农作物播种面积比重等因素会对陕西省耕地的技术效率产生一定影响。通过第 5 章对技术效率的分析可知，技术效率等于纯技术效率与规模效率的乘积，也就是说技术效率是由纯技术效率与规模效率两部分组成的。通过前文对陕西省耕地生产效率的分析可以发现，在纯技术效率没有明显变化的情况下，技术效率的变化主要由规模效率的变化引起。因此，这里以第 5 章测算出的 1990～2015 年的陕西省耕地规模效率的结果作为模型的因变量，采用与测算耕地技术效率相同的指标作为自变量建立 Tobit 回归分析模型，运用 Stata 10.0 软件进行模型计算，计算结果见表 7 - 5。

表7-5　　　　　　　陕西省耕地规模效率 Tobit 回归结果

解释变量	系数	标准差	T 值	显著性
农村劳动力人均播种面积（公顷/人）	-1.5455330	1.2939950	-1.19	0.250
单位耕地面积农用机械动力（千瓦/公顷）	-0.2405702	0.0962063	-2.50	0.024 **
单位耕地面积化肥施用量（千克/公顷）	-0.0009481	0.0007934	-1.19	0.250
耕地复种指数	0.6360213	0.4515201	1.41	0.178
有效灌溉率（%）	0.0338781	0.0117293	2.89	0.011 **
受灾面积占农作物播种面积比重（%）	-0.0018199	0.0007807	-2.33	0.033 **
人均国内生产总值（元）	0.0000320	0.0000196	1.63	0.122
农民人均纯收入（元）	0.0001376	0.0000365	3.77	0.002 ***
财政支农支出占财政支出比重（%）	-0.0103866	0.0057760	-1.80	0.091 *
政策虚拟变量	0.1263196	0.0729460	1.73	0.103

注：*、**、***分别表示在10%、5%和1%水平下显著。
资料来源：笔者自制。

Tobit 回归模型的分析结果显示，农村劳动力人均播种面积、单位耕地面积农用机械动力、单位耕地面积化肥施用量、受灾面积占农作物播种面积比重和财政支农支出占财政支出比重与耕地规模效率呈负向相关关系，耕地复种指数、有效灌溉率、人均国内生产总值、农民人均纯收入和政策虚拟变量等因素与耕地规模效率呈正向相关关系。

其中单位耕地面积农用机械动力和受灾面积占农作物播种面积比重对陕西省耕地规模效率负向影响最为显著。从规模经济的角度来分析，单位耕地面积所使用的农用机械并非越多越好，由于耕地规模效率与单位耕地面积农用机械动力存在着倒"U"型的关系，因此只有在一定的范围内，农用机械的合理使用才会促使耕地产出增加，一旦超越了合理的使用规模范围效果便会适得其反，从而对耕地规模效率产生负向影响。

受灾面积占农作物播种面积比重对陕西省耕地规模效率的负向影响也

非常大，因此自然气候等环境因素对耕地规模效率的影响与对耕地技术效率的影响是一致的。

　　有效灌溉率、农民人均纯收入和财政支农支出占财政支出比重对陕西省耕地规模效率的正向影响最为显著。这与前一小节对耕地技术效率的相关影响因素分析趋同，进一步证明了耕地技术效率、耕地纯技术效率与耕地规模效率三者之间的关系。

第 8 章　农业产业布局研究

8.1　构建陕西省农业现代化发展格局

面向 2030 年，围绕陕西省三大气候带和六大农业生态类型，立足资源多样性，结合产业发展基础，加大"调优、增特"力度，实现生产要素在空间和产业上的优化配置。在陕北地区，着力发展节水型有机农业；在关中地区，围绕关中城市群发展面向都市的高效农业；在陕南地区，以循环绿色发展理念引导生态农业大力发展。基于"一核心三大自然带"，打造"四大粮食功能区、多个优势特色产业板块"的总体布局。

8.1.1　省级战略导向

根据《全国新增 1000 亿斤粮食生产能力规划》，粮食产能向主产区和产粮大县集中，黑龙江省、辽宁省、吉林省、内蒙古自治区、河北省、江苏省、安徽省、江西省、山东省、河南省、湖北省、湖南省、四川省等主产省（区）的外销原粮占全国外销原粮总量的 88%。《全国种植业结构调整规划（2016～2020 年)》要求截至 2020 年调减"镰刀弯"地区玉米面积 333.3 万公顷，在西北地区以推广覆膜技术为载体，积极发展马铃薯、春小麦、杂粮杂豆，因地制宜发展青贮玉米、苜蓿、饲用油菜、饲用燕麦等饲草作物。

结合落实《全国种植业结构调整规划（2016～2020 年)》等对陕西

省农业定位和发展要求，提出陕西省农业发展总体思路是：深入贯彻中国共产党第十八次全国代表大会提出的"五位一体"总布局，坚持"创新、协调、绿色、开放、共享"的发展理念，坚定绿水青山就是金山银山，牢固树立尊重自然、顺应自然、保护自然的生态文明观念，以城乡发展一体化为统领，以资源环境承载力为基础，以转方式、调结构为主线，以保供给、促增收为目标，以绿色循环发展为途径，因地制宜、分类指导，优化资源配置，强化依法治农，适度开发保护生态，努力走出一条产出高效、产品安全、资源节约、环境友好的农业现代化发展道路。

　　陕西省农业农村厅、发展和改革委员会、科学技术厅、财政厅、自然资源厅和环境保护厅联合印发的《陕西省农业可持续发展规划（2015～2030 年)》提到，至 2030 年，农业可持续发展应取得显著成效。供给保障有力、资源利用高效、产品质量安全、生态环境良好、农民生活富裕、田园风光秀美的农业可持续发展新格局基本确立（见表 8 - 1）。

表 8 - 1　　　　　　　　　　主要发展指标

一级指标	二级指标	单位	2015 年	2020 年	2030 年
农民收入	农村居民人均可支配收入	元	8689.0	15000.0	25000.0
现代农业	粮食播种面积	万亩	4610.0	4500.0	4500.0
	粮食总产量	万吨	1226.8	1250.0	1400.0
	水果产量	万吨	1630.6	2200.0	2800.0
	苹果产量	万吨	1037.3	1800.0	2000.0
	肉类	万吨	114.7	135.0	200.0
	禽蛋	万吨	58.1	60.0	70.0
	奶类	万吨	190.0	220.0	280.0
	蔬菜产量	万吨	1670.0	1600.0	2000.0
	茶叶产量	万吨	8.5	13.0	20.0
	农产品质量安全检测合格率	%	96.0	96.0 以上	96.0 以上

续表

一级指标	二级指标	单位	2015 年	2020 年	2030 年
农业科技创新	农业科技进步贡献率	%	54.0	60.0	70.0
	主要粮食品种良种覆盖率	%	95.0	97.0	98.0 以上
	测土配方施肥技术推广普及率	%	90.0	95.0	98.0
	农作物耕种收综合机械化水平	%	61.0	70.0	80.0
	旱作节水农业技术推广面积	万亩次	620.0	900.0	1200.0
资源综合利用	地膜回收率	%	42.0	60.0	80.0 以上
	农作物秸秆综合利用率	%	75.0	85.0	95.0
	规模化畜禽养殖场粪便资源化率	%	50.0	75.0	95.0
可持续发展能力	农田有效灌溉面积	万亩	1900.0	2000.0	2500.0
	农田灌溉水有效利用系数		0.554	0.580	0.6 以上
	草地面积	万亩	4317.0	5000.0	6000.0

资料来源：根据陕西省农业农村厅官网、《陕西统计年鉴》相关资料整理。

8.1.2 构建"一核、三带、四区、多板块"格局

1. 一个核心动力源

杨凌示范区是我国第一个国家级农业高新技术产业示范区，也是中国自由贸易试验区中唯一一个以农业为显著特色的自由贸易片区。该示范区由中华人民共和国科学技术部等 24 个部委和陕西省 37 个相关厅局共同建设，实行省部共建的独特管理体制，拥有雄厚的农科教资源优势，聚集了农、林、水等 70 多个学科、7000 多名农业科教人员，是我国重要的农科教基地。杨凌示范区肩负着引领干旱半干旱地区现代农业发展的国家使命。截至目前，杨凌示范区围绕国家粮食安全、生态安全和旱区农业发展等重大战略需求，研究推出了一系列新技术、新成果，探索形成了一系列新经验、新模式，尤其是围绕破解科技成果转化难问题，探索形成了大学

试验站、产业链、农科培训等"六种推广模式"，打通了农业科技推广的"最后一公里"，累计推广新品种新技术 2700 项，并在全国 18 个省（区）建成农业科技示范推广基地 306 个，年示范推广面积 433.333 万公顷，推广效益超过 170 亿元，大量农民从中受益。

依托杨凌示范区在农业生产基础、科技人才储备和研究基础积累等方面的优势，形成陕西农业发展核心动力源。着力推动农业科技创新，探索全省农业供给侧结构性改革方向和路径，研究构建全省农业各门类产业技术体系，提升农产品质量安全，促进农业信息化发展。

2. 三大特色农业带

陕西省地域狭长，地势南北高、中间低，自北向南横跨中温带、暖温带和亚热带三个气候带；气温自南向北、自东向西递减；降水南多北少，自北向南依次为半干旱区、半湿润区和湿润区。

根据陕西省地域和气候特点，陕西省农业现代化可划分为陕北旱作节水农业带、关中高效都市农业带和陕南生态循环农业带。

（1）陕北旱作节水农业带。位于半干旱地区，需综合运用生物、农艺、农机、田间工程等措施，充分集蓄降水，最大限度提高降水保蓄率和利用率，实现农业高产高效；集成推广旱作农业技术，大力发展雨水集蓄利用工程和节水灌溉技术，加强育种研发，调整优化种养殖业结构。

（2）关中高效都市农业带。关中地区是陕西省优质耕地集中区，也是人口和城市发展聚集区，其农业现代化发展之路主要面向城市和城乡居民需求，加大农业供给侧结构性改革；扩大花卉、优质猕猴桃、樱桃、特色葡萄、瓜果蔬菜规模，积极推广喷灌、微灌等高效节水技术，加强滴灌、喷灌、水肥一体化技术的推广应用；培育新型农业经营主体，优化生产组织方式，开发农业多种功能，推进相关产业融合发展。

（3）陕南生态循环农业带。陕南地区所包含的 28 个县（区）中大部分属于南水北调中线水源涵养区，并且其中有 23 个县为限制开发区（重点生态功能区），是全省生物多样性和生态环境保护重要区域。陕南地区农业现代化需要依托区位特征、资源禀赋和发展基础，充分发挥各自比较优势，"短板补齐，长板更长"，实施农业环境保护行动计划，调整种植结构、改良土壤,采取修复、轮作、间作等措施治理污染耕地,让资源环境休养生息;积极开展种养结合这一举措,发展雨养农业及生态循环农业;结合移民搬迁情况推动农村新业态、特色农业和休闲农业发展,提升农机装备能力,促进农机农艺融合,强化农业科技支撑。

3. 四大粮食功能区

突出小麦、玉米、水稻、马铃薯 4 大粮食作物,以 42 个粮食主产县和旱作农业高产县为重点,按照"增麦、稳稻、扩薯、优杂、调玉米"的产业布局要求,打造区域集中、产业聚集、产能稳定的四大粮食功能区,提升粮食综合生产能力。在四大功能区建设高产粮田 160 万公顷,年粮食播种面积 233.333 万公顷,单产达到 300 千克以上,总产达到 1000 万吨,占全省粮食总产的 80% 以上。

(1)陕北长城沿线旱作粮食功能区。该区域位于陕西省最北端,属中温带寒冷干旱大陆性季风气候,光照充足,辐射值高,但热量不足,降水稀少,自然灾害频繁。主要包括榆林市榆阳区、神木市、靖边县、横山区、定边县 5 个省级粮食生产县(区),重点发展全膜双垄沟播玉米及地膜马铃薯。主要任务包括建立 40 万公顷的高产高效粮食产业带;建设整镇连片现代粮食生产示范基地 2 万公顷,新增地膜覆盖技术应用面积 40 万公顷,节水 30%,增产粮食 120 万吨;北部扩大马铃薯和饲草种植,实行种养结合;南部发展优质高效杂粮,优化品种结构、强化品牌建设。

(2)渭北旱作粮食功能区。该区域位于关中平原向陕北黄土高原的过渡地带,属于暖温带半干旱季风气候,光照充足,土地资源丰富,类型多样,土层深厚,但水资源贫乏,降水时空分布差异大。主要包括宝鸡市凤翔区、陈仓区,渭南市富平县、蒲城县等国家级粮食生产县(区)和渭南市澄城县、合阳县、千阳县等省级粮食生产县(市),重点发展旱地小麦和地膜玉米,以旱作为中心,加强农业技术改造和配套设施建设。主要任务包括发展 40 万公顷旱作粮食产业带,扩大正茬小麦面积,建设优质粮食、口粮增长区;建设旱涝保收高标准农田 6.667 万公顷,通过压夏扩秋,新增地膜覆盖技术应用面积 40 万公顷,推广少耕免耕保护性耕作技术面积 53.333 万公顷。

（3）关中灌区一年两熟粮食功能区。该区域位于陕西省中部，属于大陆性气候，光照充足，热量丰富，土层深厚，耕性良好，但水资源供需矛盾突出，耕地后备资源缺乏。主要包括西安市长安区、蓝田县、周至县、鄠邑区，咸阳市泾阳县、三原县、乾县、武功县、兴平市，宝鸡市扶风县、眉县、岐山县等国家级粮食生产县（市、区）和渭南市临渭区、华州区，西安市阎良区、高陵区、临潼区等省级粮食生产县（区），重点发展小麦玉米一体化超吨粮田。主要任务包括建立 53.333 万公顷小麦玉米一体化吨粮田产业带，发展优质小麦；开展机械深松深耕作业，改善土壤物理性状；推广长畦改短畦、宽畦改窄畦、塑料管道输水等节水灌溉技术，提高水分利用率；实施秸秆还田，增施有机肥，做到化肥、农药减量化；实现种管收全程机械化；扩大青贮玉米面积，奠定粮食、口粮基础。

（4）陕南川道粮食功能区。该区域位于陕西省南部，属于北亚热带气候，温暖湿润，水、热资源丰富，土质好，水田面积大。主要包括汉中市汉台区、洋县、勉县、城固县、南郑区，安康市汉滨区、商洛市商南县、洛南县等省级粮食主产县（区），重点发展水稻油菜一体化。主要任务包括建立 13.333 万公顷水稻油菜一体化产业带；推广集中育秧、机插（播）机收，推进稻油一体机械化；在浅山丘陵区发展玉米、马铃薯间套种植；建设粮食、口粮结构优化区。

4. 多个优势和特色产业板块

按照农业区域发展布局，在加强粮果畜菜等主要农产品综合生产能力建设的基础上，支持发展区域优势农业和特色农业，建设现代农业基地，打造产业化经营体系，是确保农业繁荣、农民增收的必经之路。陕西省农业发展面临水资源总量严重不足、时空地域分布不均等明显制约因素。但陕西省因地制宜，以苹果为主的果业已发展成我国水果种植第一大省，马铃薯、强筋小麦、小杂粮等种植业和以奶山羊等为主的畜牧业比较优势突出，地域特色明显，形成陕西省未来一段时期重点发展的优势和特色农业。

根据陕西省农业在全国农业中的地位和区位特点，确定果业、畜牧业和种植业为全省优势和特色农业大类。果业：确定苹果、猕猴桃、葡萄、红枣、柑橘5类为全省优势果品。畜牧业：确定奶山羊为全省畜牧业的优势产品，肉羊、肉牛、奶牛、生猪、林下养鸡和养蜂为全省畜牧业的特色产品。种植业：确定强筋小麦、小杂粮、油菜、茶叶、中药材、食用菌、魔芋、花卉8类作物作为全省种植业优势特色农产品。根据优势和特色产业的布局，构建全省优势和特色产业板块。

（1）陕北渭北苹果产业板块。主要包括延安市富县、洛川县、黄陵县、宜川县，铜川市印台区、宜君县、耀州区，宝鸡市陈仓区、凤翔区、岐山县、扶风县，渭南市白水县、蒲城县、合阳县、富平县、澄城县、韩城市，咸阳市礼泉县、乾县、永寿县、旬邑县、长武县、彬州市、淳化县等农业部确定的苹果优势县（区），以及榆林市米脂县、绥德县、子洲县、清涧县、吴堡县、佳县、靖边县、横山区，延安市宝塔区、延川县、延长县、安塞区、志丹县、子长市、甘泉县、吴起县、黄龙县，宝鸡市凤县、千阳县、陇县，渭南市大荔县、临渭区，咸阳市三原县等。其中陕北地区重点发展抗寒性较强的金冠、玉华早富和寒富等中晚熟品种，渭北北部重点发展富士系、华冠等晚熟、中晚熟鲜食品种，渭北南部重点发展富士冠军、嘎啦等早熟、中熟品种，适度发展澳洲青苹等加工品种。发展规模80万公顷，产量1600万吨，苹果增加值占农业总增加值的比重达到30%以上。

（2）陕北红枣肉羊产业板块。肉羊产业主要包括榆林市榆阳区、靖边县、横山区、定边县、神木市、子洲县，延安市吴起县、志丹县、安塞区、宝塔区10个肉羊生产基地县（区）。大力推进肉羊规模化养殖，开展肉羊经济杂交，提高肉羊胴体重和出栏率；扶持一批肉羊屠宰加工企业，推进肉羊全产业链开发。肉羊年出栏800万只。红枣产业主要位于黄河沿岸土石山区，包括榆林市的佳县、吴堡县、绥德县、清涧县，延安市的延川县、延长县、宜川县，重点建设干、鲜兼有的红枣产业带。其中，东部黄河沿岸土石山区重点发展制干枣，西部黄河支流的小流域重点发展鲜食红枣。以清涧县、佳县、延川县为主，发展红枣13.333万公顷。

（3）关中农牧区奶畜产业板块。主要包括西安市临潼区，宝鸡市眉县、千阳县、陇县，咸阳市泾阳县、武功县、乾县，渭南市临渭区、富平县、合阳县10个奶牛基地县（区），西安市临潼区、蓝田县，宝鸡市凤翔区、千阳县、陇县，咸阳市泾阳县、三原县、武功县、淳化县，渭南市富平县 10 个奶山羊基地县（区）。发展奶牛 50 万头，牛奶产量 160 万吨，奶山羊 200 万只，羊奶产量 60 万吨。

（4）秦岭北麓及秦巴浅山区猕猴桃产业板块。秦岭北麓以眉县、周至县为重点，包括潼关县、华阴市、华州区、临渭区、蓝田县、长安区、鄠邑区、岐山县、陈仓区、渭滨区和武功县、扶风县、杨凌示范区等县（区），发展猕猴桃 6.667 万公顷；秦巴浅山区以城固县、勉县为重点，包括洋县、西乡县、汉台区、勉县、石泉县、紫阳县、汉滨区、汉阴县、商南县、洛南县、山阳县、柞水县、镇安县等县（区），发展猕猴桃 4 万公顷。按照"东扩南移"的思路，猕猴桃种植总规模达到 10.667 万公顷。

（5）渭南设施瓜菜农业板块。包括以大荔县、华州区、临渭区、富平县为核心、以大拱棚为主要栽培方式的设施瓜菜示范区；以合阳县、澄城县、白水县为核心、以日光温室为主要栽培方式的设施果菜示范区以及合阳县、大荔县、华阴市、潼关县黄河沿线的设施莲藕示范区。加快废旧老棚改造，完善基础设施，加快现代化装备推广应用力度，促进农机农艺结合，发展设施瓜菜 13.333 万公顷。

（6）宝鸡高效果菜农业板块。以千阳县、凤翔区、陈仓区、扶风县、岐山县、陇县、凤县 7 个县（区）为主，推广"千阳模式""凤翔模式"，打造全国一流、高标准高效益的矮砧苹果集约高效栽培示范区；以眉县、扶风县、岐山县、陈仓区、渭滨区、高新区 6 个县（区）为主的秦岭北麓 17 个镇，按照"进山沟、上台塬"要求，建设优质猕猴桃高标准果园；在渭滨区、金台区、陈仓区、眉县、扶风县、凤翔区、陇县、千阳县 8 个县（区）沿渭河、千河川道和市郊城镇 17 个乡镇建设以葡萄、樱桃、桃为重点的城郊时令杂果高标准果园；以陈仓区、凤翔区、岐山县为重点，辐射带动千阳县、陇县等县（区）集中连片、板块发展设施蔬菜，做精做优川塬区辣椒、千阳县胡萝卜、凤翔区大葱、陈仓区太白食用菌等区域特色菜。发展高效果菜 6.667 万公顷。

（7）陕南生猪产业板块。主要包括汉中市西乡县、勉县、城固县、洋县、宁强县、南郑区，安康市汉滨区、旬阳市、汉阴县、石泉县、紫阳县，商洛市洛南县、丹凤县、商南县、山阳县 15 个生猪基地县

（区）。围绕生猪提质增效目标，大力推行生态猪养殖和果畜（生猪）结合模式，积极扶持生猪产业联盟发展，加快生猪生产由传统养殖方式向规模化、标准化、产业化的方向转变。发展生猪 600 万头、猪肉产量 60 万吨。

（8）秦巴山区茶叶产业板块。主要包括汉中市西乡县、宁强县、勉县、南郑区、城固县、镇巴县，安康市平利县、紫阳县、汉滨区、岚皋县、汉阴县、白河县，商洛市商南县、镇安县、山阳县、丹凤县等县（区）。其中以汉中市、安康市为主，建设以富锌硒绿茶为主、红茶黑茶为辅的 16 万公顷生产基地；以商洛市 4 县为主，建设以白茶为主的 2. 667 万公顷茶园基地。发展茶叶 18. 667 万公顷，茶叶产量 13 万吨，实现综合产值 500 亿元，茶农人均收入 1 万元以上。

8.2　粮食主产区布局优化

8.2.1　全省粮食生产发展及目标定位

通过对《全国农业可持续发展规划（2015～2030 年）》《全国新增 1000 亿斤粮食生产能力规划（2009～2020 年）》《全国种植业结构调整规划（2016～2020 年）》《全国国土规划纲要（2016～2030 年）》等相关规划进行梳理分析，得出对陕西省粮食生产的发展定位是：立足自然资源，重点加强农田水利、标准农田等基础设施建设，加强地力培肥和水土保持，增强防灾减灾能力；健全科技支撑与服务体系，提高粮食生产科技到位率，加快高产栽培技术推广应用，推进农业机械化应用，充分挖掘粮食单产潜力，增强区域粮食供给能力，实现全省粮食消费基本自给。

根据陕西省粮食生产是否达到区域平衡的定位，针对陕西省粮食生产存在的问题，结合关于粮食生产的相关规划，综合确定全省粮食生产的目标（见表 8 - 2）。

表 8 – 2　　　　　　　　　　　陕西省粮食生产目标表

规划名称	2030 年		备注
	粮食播种面积（万公顷）	粮食产量（万吨）	
陕西省农业可持续发展规划（2015～2030 年）	300	1400	在四大粮食功能区，大力开展土地整治、中低产田改造、农田水利设施建设，新建高标准基本农田 150 万亩，集中打造一批现代粮食生产基地。
陕西省"十三五"现代农业发展规划（2016～2020 年）	—	—	在陕北风沙区调减玉米 60 万亩，在关中地区发展青贮玉米 100 万亩，建设陕北长城沿线旱作区、渭北旱作区、关中灌区、陕南川道区四大粮食功能区，实现建设高产粮田 2400 万亩，粮食播种面积 3500 万亩，单产达到 300 千克，总产达到 1000 万吨，占全省粮食总产的 80% 以上。
陕西省"十三五"粮食综合能力提升规划	—	—	在关中地区建立 800 万亩小麦玉米一体化吨粮田产业带，发展优质小麦，扩大青贮玉米面积，奠定粮食、口粮基础。在渭北地区发展 600 万亩旱作粮食产业带，扩大正茬小麦面积，建设优质粮食、口粮增长区。在陕北地区建立 600 万亩高产高效粮食产业带，北部扩大马铃薯和饲草面积，实行种养结合，南部发展优质高效杂粮，优化品种结构、强化品牌建设。在陕南建立 200 万亩水稻油菜一体化产业带，浅山丘陵区发展玉米和马铃薯的套种，建设粮食、口粮结构优化区。

资料来源：根据《陕西统计年鉴》和陕西省统计局网站整理。

考虑到 2020～2030 年全省建设要占用一部分耕地，受生态退耕、扩大果业面积等农业内部结构调整因素的影响以及陕西省的耕地后备资源不足，可用于开发新增耕地的潜力很小，从"十二五"期间全省粮食播种面积减少和国家对粮食安全角度的考虑出发，结合可持续发展规划确定的以提高单产为主要目标，应保证 2030 年全省粮食播种面积维持在 300 万公顷。

8.2.2 全省粮食主产区布局

根据陕西省 2030 年粮食生产目标任务，结合相关粮食生产规划的布局思路和全省粮食生产功能区划定的要求，确定全省围绕粮食四大功能区建设，突出小麦、玉米、水稻、马铃薯四大作物，重点建设全省粮食主产县（区），优化全省粮食主产区布局。

1. 粮食生产功能区

根据《陕西省人民政府关于建立粮食生产功能区的实施意见》，全省划定粮食生产功能区 180 万公顷，用于稻麦生产的有 90 万公顷。以汉江流域为重点，划定水稻生产功能区 10 万公顷；以关中平原、渭北旱塬为重点，划定小麦生产功能区 80 万公顷；以关中和陕北为重点，划定玉米生产功能区 90 万公顷（见表 8-3）。

表 8-3 　　　　　　　　陕西省粮食生产功能区任务划定　　　　　　　单位：万公顷

行政区域	耕地面积	粮食面积	小麦面积	玉米面积	水稻面积
全省	151.000	180.000	80.000	90.000	10.000
西安市	16.667	23.333	13.333	10.000	0.000
铜川市	4.800	4.800	1.667	3.133	0.000
宝鸡市	21.333	25.667	15.667	10.000	0.000
咸阳市	20.000	28.667	16.667	12.000	0.000
渭南市	31.800	40.000	22.667	17.333	0.000
韩城市	0.333	0.667	0.333	0.333	0.000
汉中市	13.667	14.400	1.600	5.467	7.333
安康市	12.667	12.667	3.333	6.667	2.667
商洛市	10.333	10.333	4.667	5.667	0.000
延安市	7.000	7.000	0.000	7.000	0.000
榆林市	12.333	12.333	0.000	12.333	0.000
杨凌示范区	0.067	0.133	0.067	0.067	0.000

资料来源：根据《陕西统计年鉴》和陕西省统计局网站整理。

2. 粮食主产县（区）

根据《陕西省"十三五"现代农业发展规划（2016～2020 年）》提出的重点建设 30 个粮食主产县和 20 个旱作农业示范县；《陕西省"十三五"粮食综合能力提升规划》提出的建设 42 个粮食主产县和旱作农业高产县；《陕西省"十三五"土地资源保护与开发利用规划》中提出的建设 16 个国家级粮食生产重点区和 23 个省级粮食生产重点区，结合全省优质耕地分布情况，确定陕西省 50 个粮食主产县（区）如下：

西安市：长安区、临潼区、高陵区、鄠邑区、阎良区、蓝田县、周至县；

咸阳市：三原县、泾阳县、乾县、武功县、兴平市、彬州市、旬邑县、淳化县、永寿县；

宝鸡市：陈仓区、凤翔区、岐山县、扶风县、眉县、千阳县、陇县；

渭南市：临渭区、大荔县、蒲城县、富平县、澄城县、合阳县、华州区、韩城市、白水县；

榆林市：榆阳区、定边县、靖边县、横山区、神木市、子洲县；

延安市：黄龙县、宝塔区；

铜川市：宜君县、耀州区；

汉中市：汉台区、南郑区、城固县、洋县、勉县；

安康市：汉滨区；

商洛市：洛南县、商南县。

8.3　优势和特色农业产业布局

8.3.1　优势和特色果业布局

依托地貌地势特征、自然条件、资源分布及产业基础，按照现代果业发展目标要求，进一步优化果业产业布局，促进生产要素在空间和产业上优化配置。

1. 苹果

（1）优势（特色）分析。陕西省是最大的苹果主产省，集苹果产业发展的自然禀赋、区位交通、科技研发、产业竞争、空间拓展、生产实践六大优势于一体。渭北黄土高原年均气温、降水量、极端最低气温、夏季均温、最低气温等气象指标完全符合生产优质苹果的生态条件，是中国苹果产区中唯一符合最适宜区气象指标的苹果产区。

（2）优势（特色）区域。延安市的宝塔区、延川县、延长县、安塞区、志丹县、子长市、甘泉县、吴起县，榆林市的米脂县、绥德县、子洲县、清涧县、吴堡县、佳县、靖边县、横山区位于陕北山地苹果产业带上。该区域海拔较高、光照充足、昼夜温差大、土地较多，但肥水条件较差。重点发展抗寒性较强的金冠、玉华早富和寒富等中晚熟品种，栽培模式以乔化栽培为主，积极发展矮化中间砧栽培。

咸阳市的旬邑县、长武县、彬州市、淳化县，渭南市的白水县、蒲城县、合阳县、富平县、澄城县、韩城市，铜川市的印台区、宜君县、耀州区，延安市的富县、洛川县、黄陵县、黄龙县、宜川县位于渭北北部苹果产业带上。该区域光热资源丰富，水肥条件好，交通便利，重点发展富士系、华冠等晚熟、中晚熟鲜食品种，南部区域适当增加嘎啦等中熟品种的比例，栽培模式以乔化和矮化中间砧栽培为主，有灌溉条件地区积极稳步发展矮化自根砧集约栽培模式。

咸阳市三原县、礼泉县、乾县、永寿县，宝鸡市凤县、陈仓区、凤翔区、岐山县、扶风县、千阳县、陇县，渭南市大荔县、临渭区位于渭北南部苹果产业带上。该区域热量充足、物候期早、水肥充沛、交通便捷，是全省主要的鲜食加工兼用早熟型苹果生产基地，重点发展富士冠军、嘎啦等早熟、中熟品种，适度发展澳洲青苹等加工品种；栽培模式以矮化自根栽培为主，积极示范推广 M9-T337 自根砧栽培；支持千阳县建设 1.333 万公顷矮化苹果、0.067 万公顷自根砧苗木繁育基地，打造"千阳模式现代苹果矮砧集约化生产示范区"，支持"千阳模式"发展。

2. 猕猴桃

（1）优势（特色）分析。陕西省地处我国内陆腹地，与乌鲁木齐市、兰州市、银川市等西北市场，沈阳市、哈尔滨市、长春市等东北市场，俄罗斯以及中东边贸市场距离较近，区位优势明显。产果品质优良，在中国台湾地区、中国香港地区、日本、韩国、新加坡等也具有一定的竞争优势。陕西省猕猴桃面积和产量均居全国第一，在生产和贸易中占有重要地位。

（2）优势（特色）区域。以周至县、眉县为核心区域，包括潼关县、华阴市、华州区、临渭区、蓝田县、长安区、鄠邑区、岐山县、陈仓区、渭滨区等地。以城固县为核心区域，包括洋县、西乡县、汉台区、勉县、石泉县、紫阳县、汉滨区、汉阴县、商南县、洛南县、山阳县、柞水县、镇安县等地。

3. 葡萄

（1）优势（特色）分析。近来，我国葡萄生产逐渐向资源禀赋优、产业基础好、出口潜力大和比较效益高的区域集中，初步形成了环渤海湾葡萄产业带、西北及黄土高原葡萄产业带、长三角葡萄产业带、东北及西南特色葡萄产业带等优势区域。陕西省关中、渭北、陕北黄土高原区域具有降雨量小、日照时间长、昼夜温差大、土壤条件好、无污染等特点，是绿色、有机葡萄生产的优生区。陕西省葡萄产业具有独特的历史、文化和地域特点，能有效实现一二三产业联动发展。

（2）优势（特色）区域。合阳县、蒲城县、富平县、耀州区、三原县、礼泉县、乾县等地是陕西葡萄最佳优生区，重点发展以红提葡萄为主的鲜食葡萄和酿酒葡萄种植；华州区、临渭区、灞桥区、长安区、鄠邑区、渭滨区、金台区等地重点发展以"户太八号"为主的鲜食葡萄种植，同时结合旅游观光发展设施葡萄，建设葡萄酒庄长廊；吴起县、靖边县、定边县、横山区、榆阳区、神木市等地重点发展规模化酿酒葡萄种植，兼顾发展早熟鲜食葡萄种植；泾阳县、蓝田县、丹凤县、商州区、商南县等地建设以加工酿酒葡萄为主的生产基地，发展酒庄，开发果业旅游产品。

4. 柑橘

（1）优势（特色）分析。陕南地区属亚热带气候，光热资源适宜柑橘生长，是我国北部柑橘的优生区。陕南柑橘以特早熟和早熟品种为主，由于成熟季节温差较大，成熟后果面光滑，果色橙红，外观艳丽，可溶性固形物含量高，维生素和微量元素含量均高于南方橘果，具有一定的区位比较优势和市场竞争力。

（2）优势（特色）区域。城固县、洋县、汉台区、勉县、南郑区等地重点发展温州蜜柑、朱红橘、冰糖橘等品种；汉滨区、紫阳县、旬阳市、汉阴县、白河县等地重点发展金钱橘、皱皮柑等传统特色品种。

5. 红枣

（1）优势（特色）分析。陕北大红枣具有果大核小、皮薄肉厚、质脆丝长、色泽鲜红、贮藏期长等特点，鲜食风味独特，又是加工蜜枣、酒枣、饮料等系列开发的优质原料，备受消费者青睐。渭南市的大荔县、临渭区、华州区、华阴市是陕西省以鲜食枣生产为主的新兴枣区，具有成熟早、品质好、产量高的特点，形成了经济和产业优势。

（2）优势（特色）区域。榆林市的佳县、吴堡县、绥德县、清涧县，延安市的延川县、延长县、宜川县重点建设干鲜兼有的红枣产业带。其中，东部黄河沿岸土石山区重点发展制干枣，西部黄河支流的小流域重点发展鲜食红枣。渭河流域的大荔县、临渭区、华州区、华阴市，泾河流域的彬州县、高陵区都建设了鲜食红枣生产基地（见表8-4）。

表8-4　　　陕西省各市（区）主要水果2020年种植面积　　单位：万公顷

行政区域	水果总面积	苹果	猕猴桃	柑橘	红枣	其他
西安市	4.666	—	3.333	—	—	1.333
铜川市	6.667	6.000	—	—	—	0.667
宝鸡市	11.666	8.133	3.333	—	—	0.200
咸阳市	27.000	22.000	1.000	—	0.333	3.667
渭南市	17.333	14.333	0.867	—	1.333	0.800
杨凌示范区	0.133	—	0.100	—	—	0.033
韩城市	1.000	0.867	—	—	—	0.133
榆林市	18.667	5.333	—	—	9.667	3.667

续表

行政区域	水果总面积	苹果	猕猴桃	柑橘	红枣	其他
延安市	28.533	23.333	—	—	2.000	3.200
汉中市	4.666	—	0.800	2.333	—	1.533
安康市	4.000	—	0.533	1.667	—	1.800
商洛市	2.333	—	0.700	—	—	1.633

资料来源：根据《陕西统计年鉴》和陕西省统计局网站整理。

8.3.2 优势和特色畜牧业布局

结合粮改饲试点工作，大力发展牛羊等草食家畜；优选市场潜力大和明显具有区域特色的地方建立一批规模较大、市场相对稳定的优质畜产品生产基地，形成特色鲜明、布局合理的产业格局。

1. 奶山羊

（1）优势（特色）分析。从陕西省畜牧业在全国的产业地位看，唯有奶山羊存栏和羊奶产量位居全国第1位。同时，陕西省地方品种——关中奶山羊不论品种质量还是群体规模，均处在全国领先地位。陕西省已建成羊乳加工企业30家，随着飞鹤等行业知名企业入驻陕西省，羊奶加工能力和市场竞争力将进一步提高，奶源需求量将进一步增加。

（2）优势（特色）区域。以临潼区、蓝田县、凤翔区、千阳县、陇县、泾阳县、三原县、武功县、淳化县、富平县10个奶山羊基地县为重点，推进关中奶山羊生产基地建设。

2. 肉羊

（1）优势（特色）分析。陕北地区是陕西省肉羊养殖优势区域，该区域具有充足的饲草资源，当地农民有传统的养羊习惯，特别是封山禁牧之后，在市场和政策的驱动下，肉羊规模化养殖快速发展。近年来，陕西省高度重视肉羊品种改良，先后扶持引进一批专用型肉用绵羊品种，为陕西省大力发展肉羊产业提供了良好的种质资源。

（2）优势（特色）区域。综合考虑各地区饲草料资源禀赋、生产基础、屠宰加工和区位优势等条件，以陕北地区为主，带动关中、陕南地区肉羊产业发展，加快建设榆阳区、靖边县、横山区、定边县、神木市、子洲县、吴起县、志丹县、安塞区、宝塔区 10 个肉羊生产基地。

3. 肉牛

（1）优势（特色）分析。陕西省有国内最优秀的黄牛品种——秦川牛，该品种肉用性能好，与国外良种肉牛品种相比毫不逊色，符合高档牛肉的要求；2013 年中国共产党陕西省委员会、陕西省人民政府在《关于加快推进城乡发展一体化、促进城乡共同繁荣的若干意见》中明确提出，由省财政厅安排 1 亿元专项资金，重点支持优势产区肉牛肉羊发展；同年陕西省人民政府又下发了《关于进一步加快肉牛肉羊产业发展的意见》，制定了具体的扶持肉牛肉羊产业发展的政策措施，为肉牛产业发展营造了良好的发展环境。

（2）优势（特色）区域。综合考虑各地饲草料资源禀赋、生产基础和区位优势等条件，以关中地区为重点，带动陕北、陕南肉牛产业发展，加快建设周至县、陈仓区、麟游县、凤翔区、岐山县、永寿县、大荔县、宜君县、黄龙县、子长市 10 个肉牛基地。

4. 奶牛

（1）优势（特色）分析。陕西省奶牛养殖业起步早、基础好、发展快、产业化程度高，奶牛存栏和牛奶产量位居全国第六位，奶牛养殖场转型升级加快，国内有名的伊利、蒙牛、光明等企业均在陕西省建有加工基地。

（2）优势（特色）区域。发挥市场区位和产业基础优势，以临潼区、眉县、千阳县、陇县、泾阳县、武功县、乾县、临渭区、富平县、合阳县为重点，加快奶牛养殖场改造升级，推进关中奶牛生产基地建设。

5. 生猪

（1）优势（特色）分析。近年来，陕西省生猪良种繁育体系有了长足发展，先后从美国、法国引进良种原种猪 2700 头，建立起 1 个国家级核心育种场、4 个区域性原种猪场、624 个种猪场，33 个县级种公猪站，供种能力明显增强。同时，大力推行标准规模养殖，生猪生产水平和抗御市场价格波动的能力增强。

（2）优势（特色）区域。发挥陕南生态养殖品牌优势，以西乡县、勉县、城固县、洋县、宁强县、南郑区、汉滨区、旬阳市、汉阴县、石泉县、紫阳县、洛南县、丹凤县、商南县、山阳县的 15 个生猪基地为重点，加快陕南生猪产业基地建设；发挥渭北苹果产业优势，以洛川县、宜川县、印台区、耀州区、旬邑县、淳化县、礼泉县、乾县、澄城县、白水县为重点，加快渭北果区生猪产业基地建设。

6. 林下养鸡

（1）优势（特色）分析。林下养鸡经济效益十分可观。据有关试验示范，以肉鸡为例，存栏 1000 只（三黄鸡），饲养周期 90 天，一年可出栏 4 批，即 4000 只，每只平均利润 5 元，年利润可达到 2 万元以上；以鸡蛋为例，存栏 1000 只（柳州市麻鸡），饲养周期 1 年，年产蛋 10000 千克，淘汰鸡 1000 只，每只平均利润 30 元，年利润可达到 3 万元左右。

（2）优势（特色）区域。发挥陕南林草资源优势，以略阳县、留坝县、佛坪县、镇巴县、岚皋县、平利县、白河县、镇安县、柞水县、商州区为重点，加快陕南林下养鸡基地建设。

7. 养蜂

（1）优势（特色）分析。陕西省蜂业资源丰富，号称中国蜜库之一，蜜源植物上千种，贮蜜量 9 万吨以上，载蜂量超过 170 万群，目前全省蜜蜂存栏 50 多万群，蜂蜜产量 6000 多吨，全省蜂产品加工企业 30 多家，年加工能力超过 1 万吨，生产潜力巨大；同时，宝鸡市、西安市拥有西北最大的两个蜂产品交易市场，年交易量占全国蜂产品交易量的 20%，生产及市场条件优越，市场竞争力显著。

（2）优势（特色）区域。以太白县、凤县、黄龙县、岚皋县、留坝县、佛坪县、镇坪县、洋县、宁陕县、镇巴县为重点，充分发挥区域资源优势，加快养蜂基地县建设。

8.3.3　优势和特色种植业布局

按照"强产业、保供给、促增收"的总体思路，深入推进农业供给侧结构性改革，调整优化结构，合理配置资源，加强引导扶持。建立特色产业生产基地，培育产业化龙头企业，创建区域名优品牌，逐步构建布局区域化、种植规模化、品种多元化、加工精深化、销售品牌化的格局。

1. 强筋小麦

根据国家小麦种植区划，陕西省渭北属优质强筋小麦生产区，关中灌区属优质中筋、强筋小麦生产区。近年来，陕西省优质小麦在关中常年推广种植面积达 300 多万亩，约占小麦总播种面积的 20%，初步建立了一批优质专用小麦商品生产基地。

（1）优势（特色）分析。陕西省关中和渭北是小麦的最佳适生区，与国内强筋小麦生产水平较高的河南省、河北省等省份相比，在生产成本及规模上仍存在一定的差距，但和西北其他省份相比，陕西省强筋小麦市场竞争力依然较强，且与河南省、河北省以及进口小麦相比具有一定的质量潜势和区位优势。

（2）优势（特色）区域。以关中小麦主产区为优势产区。包括蒲城县、富平县、临渭区、澄城县、合阳县、高陵区、鄠邑区、三原县、兴平市、武功县、泾阳县、礼泉县、乾县、扶风县、岐山县、陈仓区、凤翔区、耀州区。重点建设蒲城县、富平县、三原县、兴平市、乾县、武功县、岐山县、扶风县、陈仓区、凤翔区。

2. 名优杂粮

杂粮是陕西省重要的粮食作物，种植历史悠久，品种丰富，部分产品产量、质量位居全国前列。

（1）优势（特色）分析。陕西省杂粮杂豆主要分布于陕北、渭北山区，无污染、无公害，是理想的绿色（有机）食品。产区光照好、温差大，产品品质高；杂粮耐旱、耐瘠薄、生育期短，是不可或缺的抗旱救灾作物。杂粮杂豆由于含有丰富的蛋白质、矿物质和维生素，是追求饮食健康的重要产品。

（2）优势（特色）区域。以榆林市、延安市两市 20 个县（区）为重点，主要包括榆林市 12 个县（区）以及延安市宝塔区、吴起县、志丹县、安塞区、子长市、延长县、延川县、甘泉县。绿豆以横山区、绥德县、米脂县、子洲县、清涧县等县（区）为重点，荞麦以定边县、靖边县、吴起县、志丹县等县为重点，实施板块化发展。

3. 茶叶

茶叶是陕西省陕南地区最具优势的特色产业，"十二五"期间，在陕西省委、省政府及地方各级政府的领导支持下，茶产业取得了快速发展，已成为继粮、果、畜、菜之后的又一主导产业，是陕南秦巴山区农民脱贫致富的支柱产业。

（1）优势（特色）分析。陕西省茶区位于陕南三市，北屏秦岭，南倚巴山，茶树多生长在海拔 800～1000 米处，年降雨量 1000 毫米左右，土壤肥沃，有机质含量高，生态条件优越，富含人体所需的硒、锌等微量元素，是我国第二大富硒区，同时也是大熊猫、朱鹮保护区，国家南水北调重要水源保护地和涵养地。所产茶叶具有"香高、味浓、耐泡、形美、保健"的特点，是生产绿色有机茶的最佳地区，被农业部列为长江中上游特色和出口绿茶重点发展区域，竞争优势明显。

（2）优势（特色）区域。以汉中市、安康市为主，重点发展西乡县、宁强县、勉县、南郑区、城固县、镇巴县、平利县、紫阳县、汉滨区、岚皋县、汉阴县、白河县 12 个县（区），建设以富锌硒绿茶为主、红茶黑茶为辅的 16 万公顷生产基地；以商洛市的商南县、镇安县、山阳县、丹凤县 4 个县为主，建设以白茶为主的 2.667 万公顷茶园基地；在咸阳市和泾渭新区建设现代茯砖茶生产园区，形成年加工茯茶 5 万吨、综合产值 50亿元的茯茶基地，提高陕南夏秋茶原料利用率。

4. 油菜

油菜是陕西省主要油料作物，陕南、渭北、关中地区为油菜优势产区。近年来，随着现代特色农业发展，产业链条逐步向旅游观光拓展，在促进县域经济发展和农民增收中发挥了一定的作用。

（1）优势（特色）分析。陕西省油菜种植历史悠久，种子产业具有传统优势，油菜育种力量强，成果丰富，制种条件优越，技术全国领先。陕西省油菜籽加工业基础雄厚，拥有数家大型油脂企业，生产的油品浓香，畅销多省。油菜主产区——陕南地区是南水北调水源地，绿色、无公害是陕西省油菜的重要名片。

（2）优势（特色）区域。以汉中市、安康市的南郑区、城固县、勉县、汉台区、洋县、石泉县、汉阴县、汉滨区、旬阳市9个县（区）为重点，打造区域集中、产业聚集、产能稳定的陕南油菜产业集群。关中地区以大中城市为依托，以渭北台塬和秦岭北麓为重点，借助油菜产业，大力发展休闲观光和中蜂养殖，带动产业深度发展。陕北地区利用果园和休闲地种植绿肥油菜，提升耕地质量。

5. 中药材

陕西省素有"秦地无闲草"之称，秦巴山区更有"天然药库"之美誉。陕西省委、省政府十分重视中医药的发展和中药材的开发，陕南地区将中药材列入脱贫攻坚主要产业，中药材发展面临良好机遇。

（1）优势（特色）分析。陕西省中药材品种丰富、种植面积大。陕西省药用植物、动物、矿物共达4700多味，其中植物药3721味，占全国药材种类的30%以上，在全国中药材资源普查的364个重点品种中，陕西省有283种，占比77.6%，其中有248种列入《中华人民共和国药典》正品药材。全省药材种植面积32万公顷，主要分布于秦巴山区，占全省总产量的46%。种植面积达6.667万公顷的有3种，天麻、黄姜、杜仲、绞股蓝、山茱萸等品种无论是数量还是品质都在全国处于优势地位。

（2）优势（特色）区域。陕南地区重点发展杜仲、黄姜、杏仁、甘草、天麻、丹参、山茱萸、绞股蓝等药材；陕北地区和宝鸡市重点发展秦艽、太白贝母、五味子、太白米、丹皮、黄芪等药材；关中地区重点发展杏仁、芦荟、山药等药材，依托西安市、咸阳市周边的花卉基地建设一批药用花卉示范观光基地。

6. 食用菌

食用菌已成为餐桌上不可缺少的食品。"十二五"期间，伴随着陕西省百万亩设施蔬菜工程的实施，食用菌产业取得迅猛发展，成为增速最快的特色产业。

（1）优势（特色）分析。陕西省食用菌品种丰富、品质优良，深受国内外消费者青睐，是出口创汇的主要农产品之一。2015 年，全省总产量近 100 万吨，产值近 70 亿元，是"十二五"期间增速最快的农业特色产业。陕南地区是香菇、黑木耳及珍稀食（药）用菌的优势产区，气候条件适宜，林地资源广袤，无工业污染，野生菌种资源丰富，栽种历史悠久，技术成熟，菌种生产、菌类加工发展快速，在国内外具有一定影响。

（2）优势（特色）区域。陕南地区，主要包括汉中市的西乡县、宁强县、略阳县、勉县、镇巴县，安康市的宁陕县、汉阴县、汉滨区、石泉县、镇坪县、岚皋县、旬阳市、白河县以及商洛市的 7 县（区）均建立了干菇及珍稀食（药）用菌优势产区。关中地区着力建设以平菇、双孢菇、杏鲍菇、金针菇、海鲜菇为主的鲜菇优势产区，主要包括宝鸡市的陈仓区、太白县、凤县、陇县、麟游县，西安市的灞桥区、长安区、周至县、鄠邑区、蓝田县、临潼区，咸阳市的兴平市、秦都区、三原县，渭南市的蒲城县、临渭区，铜川市的耀州区及杨凌示范区。

7. 魔芋

魔芋为理想的保健食品，随着其副产品在食品、医药、化工等方面的用途不断拓展，市场需求量不断增加，现已成为 21 世纪极具发展潜质的绿色朝阳产业。近年来，陕南地区魔芋产业得到快速发展，已成为部分县的重要经济作物。

（1）优势（特色）分析。陕西省为中国四大魔芋种植区域之一。2015 年陕南地区魔芋种植总面积 3.46 万公顷，产量达到 58.7 万吨，精粉和微粉加工企业 20 多个，年加工能力 8500 吨。预计全省适种面积在 6.667 万公顷以上。陕南地区大量林地可发展林下经济种植魔芋。近年来，从农户自发在宝鸡市、周至县、铜川市等地的试种结果看，关中有望成为陕西省魔芋的一个新的发展区域。目前，全省有规模以上加工企业 40 余家，芋角等初级加工企业 60 余家，基本建立了初、中、高加工链条。有 4 家企业取得出口资格，产品从精粉、微粉、纯化粉到仿生食品、休闲食品、保健食品、添加食品，已形成系列化开发，在全国具有一定影响力。

（2）优势（特色）区域。以陕南三市为重点兼顾关中地区，主要包括安康市的岚皋县、紫阳县、汉滨区、平利县、白河县、石泉县 6 个县（区），汉中市的镇巴县、勉县、城固县、宁强县、洋县、西乡县、留坝县、佛坪县、略阳县、南郑区 10 个县（区），商洛市的镇安县、山阳县、柞水县、商南县 4 个县（区），辐射带动关中地区的眉县、岐山县、周至县和王益区等部分县（区）。

8. 花卉

花卉业是新兴的绿色朝阳产业。"十二五"以来，陕西省花卉产业规模稳步发展，生产格局基本形成，市场建设初具规模，花卉文化日趋繁荣，对绿化环境、增加农民收入、提高生活质量和促进经济发展发挥着重要作用。

（1）优势（特色）分析。陕西省花卉种质资源丰富，秦巴山区是世界观赏植物资源多样性最丰富的地区之一，是多种世界名贵花卉的起源地和野生花卉资源宝库，为开辟花卉新品种、新领域提供了广阔的前景。生态文明建设、美丽陕西建设对花卉的刚性需求增加，各地发展花卉旅游项目，花海、花田等用花量持续增加，推进了花卉苗木的产量和销量。陕西省是西北地区的"花篮子"，许多年宵花为规避运距长、温度低的风险，从陕西省市场中转调进。依托西北植物研究所、西安市植物园的人才技术优势，陕西省花卉在研发创新方面具有较强实力，面对省内和西北地区市场，以温室为主的盆栽花卉生产具有一定的发展空间和较强的市场竞争力。

（2）优势（特色）区域。依据资源环境条件和产业发展现状，集中打造六大产业板块。西安市鲜切花及盆花产业区：重点发展蝴蝶兰、红掌、凤梨等高档盆花，马蹄莲、非洲菊、月季等鲜切花，万寿菊、八仙花、孔雀草等花坛草花，鼓励发展国槐、红叶石楠、栾树等绿化观赏苗木。宝鸡市球根类鲜切花产业区：重点发展唐菖蒲、百合、彩色马蹄莲等种球和鲜切花，鼓励发展工业用玫瑰、食用百合等花卉。杨凌示范区观赏苗木产业区：重点发展优良观赏苗木、观赏花果类盆景，鼓励发展花卉组培苗。渭北干燥花卉产业区：重点发展渭河滩地的香蒲、野生补血草、银芽柳、蒿草、益母草、蓍草、狗尾草、风船葛等花卉，鼓励发展千日红、蜡菊、薰衣草等干花。陕南盆景及观叶植物产业区：重点发展火辣、黄荆、蜡梅、代代、金桔、中华文母、榔榆等树桩盆景，鼓励发展蕨类、天南星类观叶植物。陕北草坪种业及设施盆花产业区：重点发展耐旱、耐寒、耐践踏的本特、帕特等草皮，鼓励发展高羊茅等保持水土的草皮，因地制宜发展温室花卉。

第9章　耕地保护及基本农田红线划定

9.1　陕西省优质耕地分布

通过开展耕地质量等级调查与评定工作，将耕地划分为 15 个等别，1 等耕地质量最好，15 等最差，按照 1~4 等、5~8 等、9~12 等、13~15 等划分为优等地、高等地、中等地和低等地。全省耕地国家利用等级为优等的耕地全部集中在西安市；高等地在渭南市、咸阳市和西安市分布较多；中等地在各市都有分布，分布较多的有渭南市、安康市和汉中市；低等地在各市都有分布，其中榆林市最多，延安市次之。

优质耕地主要从等别方面来考虑，陕西省耕地等别仅涉及 4~14 等，结合国家优等地和高等地的划分标准及陕西省耕地等别实际情况，将陕西省 4~8 等地（即 8 等地以上）界定为优质耕地。

经统计，陕西省优质耕地共计 69.471 万公顷，占全省耕地面积的 17.37%，其中关中地区 62.307 万公顷，陕南地区 7.164 万公顷，陕北地区无优质耕地。全省优质耕地主要分布在关中的西安市、咸阳市、渭南市、宝鸡市，少量分布在汉中市的南郑区、汉台区、城固县、西乡县等县以及安康市的汉阴县等地。全省耕地质量普遍较低，优质耕地分布较少但相对集中。

9.1.1　耕地连片性分析

连片性是指同一质量范围（同一利用类型或同一质量水平，或某一质量水平以上，或某质量水平区间内）地块的相连程度。耕地连片性可以被定义为在空间上的相对相连度，即相对相邻程度，也就是说两块耕地在空间上相隔距离越小，则它们的连片性程度就越高，当它们的空间距离小于一定阈值时，则可认为耕地地块是集中连片的。

耕地连片性分析旨在为永久基本农田划定和高标准基本农田建设范围选取提供依据，根据《陕西省高标准基本农田建设项目和资金管理暂行办法》，明确连片性分析的目的是寻求一定规模的集中连片程度，故将本书研究的耕地连片性定义为某一地块与规模较大地块的相连程度。

1. 连片阈值的确定

连片性是景观生态学的一个重要概念，景观连片性是描述景观中廊道或基质在空间上如何连接和延续的一种测定指标。从景观生态学角度分析，耕地是一种以农田（水田、旱田）为中心，包括道路、沟渠、农田护林网等农田基础设施，用来种植各种农作物的农业景观，具有典型的"图斑—廊道—基质"景观空间格局。其中农田地块构成了图斑的主要类型，廊道包括道路、沟渠、农田护林网等，而耕地的赋存基质就是土壤。廊道是一种线性景观单元，作为景观连通结构的一个重要组成，具有通道和阻隔的双重作用，在起源、宽度、连通性等方面的差异会给景观带来不同的影响。因此廊道对耕地景观的形成与发展，特别是对耕地的连片程度具有重要作用。

廊道宽度的变化对沿廊道或穿越廊道的物质、能量和物种流动具有重要影响，据此，廊道可分为线状、带状、河流3种类型。对于耕地景观，线状廊道主要包括分布于农田地块之间的田间道路、沟渠、农田防护林等，由于没有一种物种是完全局限于线状廊道的，而且相邻基质的环境条件对线状廊道的内部环境和物种影响较大，因此，线状廊道对耕地景观物质、能量和物种的流动不是阻隔，而是起到连接农田地块以及便于物质、能量和物种传输的通道作用，属于传输廊道。高速公路、江河水系则分别属于带状廊道和河流廊道，对耕地景观物质、能量和物种的传输具有不同程度的阻隔作用，属具有"不可跨越性"的阻隔廊道，特别是随着公路网络的日益发达，公路已经成为影响耕地景观连片程度的重要因素。

作为耕地物质、能量和物种的传输廊道，田间道路、沟渠和农田防护林等非农田地块共同组成了耕地景观的"可跨越性"阻隔单元，与农田地块一起构成了耕地景观主体；干线公路、江河水系与村镇、湖泊、大面积坑塘共同组成了耕地景观的"不可跨越性"阻隔单元，形成了耕地景观空间分布范围的边界，特别是干线公路已经成为我国耕地景观分界线的主要组成部分。从耕地景观连片性角度来看，以干线公路为主要组成部分的"不可跨越性"阻隔单元实际上形成了对耕地景观的分割，它们直接影响了耕地景观的连片性，决定了耕地景观的连片大小与范围。

正确选择耕地之间的连接距离是判断耕地是否集中连片的基础，耕地的连片阈值应大于线状廊道的最大宽度值，小于"不可跨越性"阻隔廊道的最小宽度值。在连片阈值范围内，耕地之间连接距离的选择范围可依据是否为"可跨越性"阻碍单元的宽度来划定。

以田间道路作为最宽线状廊道，按照《高标准基本农田建设标准》（TD/T 1033—2012），田间道路路面宽度宜为 3~6 米，因此耕地线状廊道最宽值设为 6 米；以具有中央分隔带的干线一级公路作为"不可跨越性"阻隔廊道中的最窄廊道，依据《公路工程技术标准》（JTG B01—2014），计算一级公路中最小路面宽度值，一般为 32 米（路基＋路肩＋中间带＋路堤）。基于上述分析，研究拟采用 32 米的宽度阈值，并综合考虑宽度在 32 米范围内的铁路、河流、沟渠、陡坎等限制性因素来分析耕地连片性。

2. 连片性结果分析

通过对陕西省耕地进行连片度分析可知，全省共 212.386 万公顷耕地可视为相对集中连片，占全省耕地总面积的 53.11%，这部分可作为基本农田划定和高标准农田建设项目区范围选择的依据。其中关中地区连片耕地共 128.539 万公顷，占连片耕地总面积的 60.52%；陕北地区连片耕地共 55.177 万公顷，占连片耕地总面积的 25.98%；陕南地区连片耕地共 28.668 万公顷，占连片耕地总面积的 13.50%（见表 9－1）。

分区	行政区域	连片度面积
关中	宝鸡市	26.148
	铜川市	3.754
	渭南市	50.494
	西安市	23.835
	咸阳市	23.389
	杨凌示范区	0.399
	韩城市	0.520
	小计	128.539
陕北	延安市	7.529
	榆林市	47.648
	小计	55.177
陕南	安康市	7.701
	汉中市	15.260
	商洛市	5.707
	小计	28.668
合计		212.384

表 9 – 1　　　　　陕西省各市（区）耕地连片度分布　　　单位：万公顷

资料来源：笔者自制。

9.1.2　集中连片优质耕地分布

将"优质耕地、集中连片"理念纳入永久基本农田划定和高标准农田建设，不仅能够克服以往在基本农田划定中由于忽视耕地保护的"集中"管理方针而导致基本农田零散分布的问题出现，而且有利于充分发挥水利、道路、防护林等农田基础设施的规模效益，实现优质耕地的机械化、规模化、集约化。开展优质耕地的集中连片划定可以为基本农田保护面积划定及高标准农田建设项目区的选取提供依据。

研究基于陕西省 2014 年耕地质量等级评定成果基础，将耕地质量等级与连片程度结合起来，给出优质连片耕地的空间分布及其范围，以实现优质耕地的连片性分析。

根据分析结果可得，陕西省集中连片的优质耕地面积是 62.280 万公顷，占全省全部耕地的 15.57%，占优质耕地的 89.74%，全省大部分优质耕地是相对集中连片的。其中陕南地区集中连片优质耕地面积为 6.019 万公顷，占全省集中连片优质耕地总面积的 9.66%；关中地区集中连片优质耕地面积为 56.261 万公顷，占全省集中连片优质耕地总面积的 90.34%（见表 9-2）。集中连片优质耕地主要分布在西安市、咸阳市、渭南市、宝鸡市等关中平原地区，少量分布在汉中市汉台区、南郑区、城固县、西乡县，安康市汉阴县，与永久基本农田划定成果也基本吻合。

表 9-2　　　　　陕西省各市（区）集中连片优质耕地分布　　　单位：万公顷

分区	行政区域	面积
关中	宝鸡市	8.669
	渭南市	17.189
	西安市	15.208
	咸阳市	14.795
	韩城市	0.011
	杨凌示范区	0.389
	小计	56.261
陕南	安康市	0.329
	汉中市	5.690
	小计	6.019
合计		62.280

资料来源：笔者自制。

9.2　与建设开发及生态保护空间重叠分析

9.2.1　与建设开发空间叠加分析

1. 建设用地开发需求

考虑到未来陕西省人口将进一步向西安市集聚，榆林市和延安市随着能源产业进入调整期后人口开始低增长，以及陕南地区延续从微增长到低增长的趋势，预测到2030年，全省城镇建设用地规模为4131～4253平方千米。

综合分析陕西省土地利用总体规划、各市（区）土地利用总体规划以及用地发展现状，结合此次调整完善成果，确定2030年各市（区）建设用地规模和发展方向（见表9-3）。

表9-3　　　　陕西省各市（区）2030年建设规模和发展方向　　单位：平方千米

名称	2030年城镇 建设用地	中心城区发展方向
西安市	800～820	对标国家中心城市功能定位，优化提升中心城区功能。提高阎良区、临潼区、鄠邑区三个副中心城市规划等级和水平。
铜川市	65～75	重点向南拓展，并在西侧发展城市工业园区，调整建设黄堡—董家河绿色产业走廊，促进"二区一廊"串珠式城市形态。
宝鸡市	120～140	向东适度拓展，向北加快开发，向南优化提升，向西涵养生态。
咸阳市	100～120	强化中心、优先东进、积极向北、继续南扩、稳步西拓的发展战略，重点保障电子信息、商贸、现代物流、旅游产业用地需求。
渭南市	80～100	高标准建设渭河沿岸，形成城市东西延伸、两岸辐射的链接纽带和魅力空间，提升老城功能，建设渭东新区，联动华州融合发展。
杨凌 示范区	15～20	中心城区提质增效，用地布局向南北发展，建设国家级自由贸易试验区与陕西（杨凌示范区）农产品加工贸易示范园区。
延安市	72～84	中心城区中疏外扩战略，拉大城市框架，拓展城市发展空间。疏散老城区，拓展新城区，建设开发区，发展文化区。
榆林市	84～96	合理引导城市有序向西拓展，以"东限、西拓、南控、北禁、中优"的理念提升城市发展效率。
汉中市	50～60	向西完善旧机场片和城西片，开发梁山片和龙江片；向东开发城东片和金华片；向南完善大河坎片，带动周家坪片；向北108国道重点完善兴元片、马寨片，建设褒河物流组团。
安康市	55～65	突出核心、重心北移、提升江南、坚持湖城一体、产城融合。
商洛市	30～40	拓展带状组团结构，城市生活用地向西、向南发展，工业用地向东发展。

资料来源：笔者自制。

2. 重叠分析

通过将全省现有耕地和各市（区）土地利用总体规划（2006～2020年）调整完善后的管制分区图层以及城市开发边界范围、城镇规划区范围等进行叠加分析，可得出与建设开发空间重叠的耕地面积有17.875万公顷，占全省耕地总面积的4.47%，建设开发占耕地比重相对较少。建设开发占用耕地的情况在全省普遍存在，其中西安市最多，面积3.624万公顷，占耕地总面积的20.28%；铜川市最少，面积0.36万公顷，占耕地总面积的2.01%。

9.2.2 与生态保护空间叠加分析

1. 陕西省各类生态功能区空间分布

陕西省包含自然保护区、森林公园、生态公益林、风景名胜区、湿地、水源地、水库、水源保护区等重要生态功能区。

陕西省自然保护区在陕北黄土高原风沙区沿线、渭北黄土高原的黄桥林区、关中平原、秦岭地区均有分布，秦岭地区是陕西省自然保护区的主要分布区域。全省共有17个国家级、33个省级、5个市级、3个县级共58个自然保护区，占地面积达11470.73平方千米。

森林公园是以大面积人工林或天然林为主体的公园。陕西省的森林公园主要分布在秦岭两侧的汉中市、安康市和西安市，这些区域降水丰富，利于植被的生长，同时为多山区，植被破坏程度低。全省共有32个国家级、46个省级森林公园，占地面积达3080.62平方千米。

生态公益林分布区域是指生态区位极为重要或生态状况极为脆弱的区域，对国土生态安全、生物多样性保护和经济社会可持续发展具有重要作用。陕西省生态公益林主要分布在秦巴山区和榆林西北部，秦巴山区是陕西省以及全国的森林资源和生物资源富集区，具有重要的生态功能；而榆林市西北部区域是陕西省风沙敏感区，该区域的生态公益林承担着抵御风沙侵蚀、保护区域生态环境安全的重要作用。

陕西省国家级及省级风景名胜区众多，其中国家级风景名胜区包括华山风景名胜区、黄河壶口瀑布风景名胜区、临潼区骊山风景名胜区、宝鸡市天坛山风景名胜区、黄帝陵风景名胜区与合阳洽川风景名胜区。此外陕西西安为十三朝古都，历史文化遗产极为丰富，源远流长的史前文化、独具特色的周文化、气势磅礴的秦文化、兴盛发达的汉文化、丰富多彩的隋唐文化以及传统历史悠久的陕西民俗文化使陕西成为我国文化遗产最为丰富的地区之一。

陕西省地质公园可分为世界级、国家级和省级三类，其中陕西秦岭终南山地质公园为世界级地质公园。由于自然条件和历史文化不同，风景名胜区和地质公园主要集中在陕南与关中地区。

陕西省内湿地多为河流型湿地，湿地的发育明显沿河流分布，黄河和汉江流经陕西省，为湿地的发育提供了良好的机会。全省主要的河流湿地有黄河、渭河、无定河、汉江、嘉陵江、丹江等湿地，黄河流域的河流湿地占全省河流湿地总面积的 80.4%。全省湿地公园共有 14 个，占地 219.69 平方千米，均为国家级湿地公园。

陕西省水库、水源地主要分布在人口集聚明显的居民点，水库、水源地可为居民的生产生活提供用水，居民集聚点也成为了水库和水源地的主要分布区域。全省共 19 个市级、77 个县级水库水源地，共占地 2314.58 平方千米。

根据《陕西省生态环境承载力与生态空间布局研究》，陕西省生态保护红线共划定了 6 条，分别是生物多样性维护功能生态保护红线、水土保持功能重要性生态保护红线、防风固沙功能重要性生态保护红线、水源涵养功能重要性生态保护红线、水土流失敏感性生态保护红线和禁止开发区生态保护红线。通过分析计算，陕西省生态保护红线总面积达到 4.94 万平方千米，2030 年预计为 5.34 万平方千米。

2. 叠加分析

通过对《陕西省生态环境承载力与生态空间布局研究》中生态保护红线的划定与目前耕地布局叠加进行分析，叠加面积约 747.38 万亩，其中关中地区重叠较少，主要集中在陕南陕北；陕南三市均有重叠，安康市紫阳县、白河县、旬阳市重叠部分较多；陕北两市均有重叠，榆林市横山区、神木市、府谷县重叠较多，延安市相对较少。

9.3 耕地保有量预测

9.3.1 2030年耕地保有量预测

1. 基于粮食生产安全角度测算

（1）粮食安全性分析。基于"耕地压力指数模型"来分析区域粮食安全状况，模型为：

$$K = S_{min} \div S_a$$

式中 K 表示耕地压力指数，S_{min} 代表最小人均耕地面积，S_a 为实际人均耕地面积。

当 $K > 1$ 时，说明按人均粮食需求量测算的最小人均需求耕地面积大于实际人均耕地面积，意味着粮食供给小于需求，粮食生产处于紧缺状态；$K < 1$ 时，意味着粮食生产大于需求；$K = 1$ 时，说明粮食产销平衡。因此，$K \leqslant 1$ 时，意味着粮食生产是安全的。S_{min} 可以通过粮食自给率（β）、最小人均粮食需求量（G_r）、粮食单产（P）、粮食播种面积在总播种面积中的比重（Q）、复种指数（K）求得，即：

$$S_{min} = \beta(G_r \div PQK)$$

其中，粮食自给率可通过粮食产量与需求量的比值获得；复种指数可利用实际总播种面积与耕地面积比值计算。

中央对陕西粮食生产的定位要求是"基本自足"，《国家粮食安全中长期规划纲要（2008～2020年）》提出我国粮食的自给率应保持在95%，因此以95%作为计算压力指数的粮食自给率，以400千克作为人均粮食最低需求量，计算出陕西2006～2015年耕地压力指数（见表9－4）。

表9－4　　　　　陕西省2006～2015年耕地压力指数

年份	2006	2007	2008	2009	2010	2011	2012	2013	2014	2015
K	1.22	1.22	0.82	0.86	0.85	0.87	0.88	0.89	0.90	0.92

资料来源：笔者自制。

根据上表，陕西省各年的耕地压力指数在 0.82~1.22 波动。2006 年和 2007 年的耕地压力指数为 1.22，表明粮食生产处于紧缺状态。2008~2015 年由于人均耕地面积持上升趋势，压力指数变小，符合陕西省粮食生产的实际。

（2）陕西省耕地保有量的测算。根据《陕西省人口发展规划（2016~2030 年）》，2030 年的预期人口为 4000 万人。

按照联合国粮农组织对粮食安全的基本要求及预测的人口数，可计算出 2030 年所需的粮食产量为 160 亿千克。

依据耕地压力指数模型即 $S_{min} = \beta(G_r \div PQK)$，可预测出 2030 年人均所需的最小耕地面积。

β：结合中央对陕西省粮食生产的基本定位及国家粮食安全中长期规划纲要（2008~2020 年）提出我国粮食的自给率应保持在 95% 以上的观点，以 95% 作为计算压力指数的粮食自给率；

G_r：以 400 千克人均粮食最低需求量为标准。

P：以 2006~2015 连续 10 年单产年均平均增长值预测 2030 年单产为 4907 千克。

Q：2006~2015 年粮食播种面积占总播种面积的比例呈下降的趋势，按其均值预测，则 2030 年比例为 75%。

K：复种指数结合 2006~2015 年变化趋势，以 155% 为标准。

依上式可测算出人均所需的最小耕地面积：

$$S_{min2030} = \beta(Gr \div PQK)$$
$$= 95\% \times 400 \div (4907 \times 75\% \times 155\%)$$
$$= 0.06 \text{ 公顷。}$$

到 2030 年陕西省应将人均耕地面积保持在约 0.06 公顷，预测到 2030 年，耕地保有量为：

0.06 公顷/人 × 4000 万人 = 240 万公顷（3600 万亩）。

（3）预测结果。根据上述分析表明，陕西省的粮食生产基本安全，但仍需提高粮食生产的安全意识。结合陕北、陕南、关中地区的实际情况，合理提高粮食复种指数以提高粮食生产的综合能力。根据预测结果，要落实"藏粮于地"战略，到 2030 至少需要保障约 240 万公顷耕地（见表 9-5）。

表9-5　　　　陕西省各市（区）2030年基于粮食安全的耕地预测

分区	行政区域	面积（万公顷）	占总面积比例（%）
关中	宝鸡市	23.900	9.940
	铜川市	5.300	2.220
	渭南市	31.000	12.920
	西安市	54.700	22.780
	咸阳市	30.500	12.720
	韩城市	2.500	1.060
	杨凌示范区	1.200	0.500
	小计	149.100	62.140
陕北	延安市	14.900	6.220
	榆林市	21.300	8.890
	小计	36.200	15.110
陕南	安康市	17.100	7.140
	汉中市	22.500	9.360
	商洛市	15.000	6.250
	小计	54.600	22.750
合计		239.900	100.000

资料来源：笔者自制。

2. 基于占全国比例进行分摊

（1）基于全省耕地变化趋势分析。根据历年《陕西统计年鉴》，获取2006~2019年耕地面积（见表9-6）。

表9-6　　　　　　　　2006~2019年陕西省耕地面积　　　　　单位：万公顷

年份	2006	2007	2008	2009	2010	2011	2012	2013	2014	2015	2016	2017	2018	2019
面积	278.3	284.1	404.9	405.0	405.0	399.2	398.8	398.5	398.5	399.9	399.5	398.9	398.3	397.7

资料来源：根据《陕西统计年鉴》整理。

从耕地数量的变化来看，2006年到2008年耕地面积大幅度提高后，从2008年到2019年的12年间，耕地变化浮动不大，累计减少5.467万公顷，平均每年减少0.453万公顷。可以看出陕西省耕地面积的变化趋势是逐年减少且趋于稳定。

（2）基于全国2030年目标任务落实分析。根据《全国国土规划纲要（2016~2030年）》的规划目标，按照比例分摊，陕西省2030年耕地保有量任务约为5300万亩。

（3）综合考虑建设占用和生态保护落实目标任务。考虑到依靠全国目标比例分摊的方式来确定全省耕地保有量这一方法不够符合陕西省实际，研究结果欠缺合理性。因此本书在基于全国目标比例分摊的基础上，根据现有耕地与建设开发及生态保护空间重叠的情况，对比例分摊情况进行修正（见表9-7）。

表9-7　　　　　陕西省各市（区）2030年基于目标任务
落实情况的耕地预测

分区	行政区域	面积（万公顷）	占总面积比例（%）
关中	宝鸡市	31.300	10.970
	铜川市	7.500	2.640
	渭南市	49.800	17.430
	西安市	18.000	6.300
	咸阳市	28.600	10.010
	韩城市	0.200	0.070
	杨凌示范区	0.100	0.050
	小计	135.500	47.470
陕北	延安市	23.500	8.210
	榆林市	70.700	24.740
	小计	94.200	32.950
陕南	安康市	17.900	6.250
	汉中市	25.700	9.010
	商洛市	12.300	4.320
	小计	55.900	19.580
合计		285.600	100.000

资料来源：笔者自制。

3. 基于生态环境可持续发展测算

考虑全省气候、地形地貌、水源、地质、土地利用条件等因素，基于生态环境可持续发展的情况，从水土流失等生态角度来预测耕地保有量。研究表明，6°以上的耕地均存在不同程度的水土流失问题。测算耕地坡度以6°为界，6°以内的现状耕地全部纳入2030年保护目标，6°以上位于严重水土流失区域的现状耕地逐步退出，仅将可建设梯田的耕地纳入预测范围。

按照国家要求，25°以上耕地必须进行退耕还草还林。期间建设占用耕地面积与新增耕地面积大体相当，预测到2030年耕地保有量相关数据见表9-8。

表9-8　　　　　陕西省各市（区）2030年基于生态环境
可持续发展的耕地预测

分区	行政区域	面积（万公顷）	占总面积比例（%）
关中	宝鸡市	30.200	10.590
	铜川市	8.100	2.850
	渭南市	54.700	19.180
	西安市	26.600	9.330
关中	咸阳市	33.700	11.830
	韩城市	1.100	0.400
	杨凌示范区	0.500	0.190
	小计	154.900	54.370
陕北	延安市	24.500	8.580
	榆林市	65.500	22.990
	小计	90.000	31.570
陕南	安康市	11.700	4.120
	汉中市	19.900	6.990
	商洛市	8.400	2.950
	小计	40.000	14.060
合计		284.900	100.000

资料来源：笔者自制。

9.3.2 结果分析

方法一得出全省 2030 年耕地面积约 240 万公顷,方法二得出全省 2030 年耕地面积约 285.6 万公顷,方法三得出全省 2030 年耕地面积约 284.9 万公顷。

根据上述三种方法预测结果,采用加权平均法综合分析全省 2030 年耕地保有量,通过特尔斐法(Delphi Method),经咨询耕地保护有关专家确定三种方法预测结果所占的权重值,确定全省到 2030 年的耕地保有量为 268.10 万公顷(见表 9 - 9)。

表 9 - 9　　　　　陕西省各市(区)2030 年耕地保有量预测

分区	行政区域	面积(万公顷)	占总面积比例(%)
关中	宝鸡市	27.500	10.270
	铜川市	7.200	2.690
	渭南市	44.500	16.610
关中	西安市	18.300	6.840
	咸阳市	27.300	10.170
	韩城市	0.700	0.250
	杨凌示范区	0.200	0.070
	小计	125.700	46.900
陕北	延安市	25.800	9.620
	榆林市	65.400	24.390
	小计	91.200	34.010
陕南	安康市	18.300	6.810
	汉中市	20.300	7.580
	商洛市	12.600	4.700
	小计	51.200	19.090
合计		268.100	100.000

资料来源:笔者自制。

9.4　基本农田红线划定

9.4.1　2030 年基本农田保护任务

2030 年基本农田保护面积主要是基于粮食需求、占耕地比例及相关要求综合预测得来。

基于保障全省粮食需求预测。耕地的主要功能是生产粮食以满足人类对粮食的需要。因此，本书在基于粮食需求的基础上预测基本农田需求量，主要思路为：确定粮食需求，测算所需耕地面积，并结合基本农田占耕地比例作为基本农田需求量的下限。因此基于粮食需求预测 2030 年耕地面积为 240 万公顷，基本农田按照占耕地比例的 85% 预测，面积为 204万公顷。

根据上文预测可得，2030 年全省耕地保有量为 268.1 万公顷，按照2020 年基本农田占耕地比例，可得 2030 年基本农田保护面积为 227.9 万公顷。

基本农田保护面积在优先确保粮食需求的基础上，结合占耕地比例要求，建议到 2030 年全省基本农田保护面积为 233.3 万公顷。

9.4.2　基本农田保护红线调整建议

严格限制非法占用农用地，有效控制城镇无序蔓延，防止城市以"摊大饼"模式发展，促进城市发展转型。基本农田保护红线的划定就像在城市周围构筑了一道不可跨越的屏障，有效制约城市边界的扩张。与此同时，基本农田及其周边环境和生物构成的生态系统具有防风固沙、涵养水源、调节气候、固定太阳能、循环与储存营养物质等生态功能。重视基本农田生态功能，实现经济、生态、社会三大效益的统一，最大程度发挥基本农田的功能。因此，要坚持最严格的耕地保护制度和节约用地制度，落实"藏粮于地、藏粮于技"战略，以确保粮食安全和农产品质量安全为目标，加强耕地数量、质量、生态"三位一体"保护，构建保护有力、建设有效、管理有序的永久基本农田特殊保护新格局。

全省永久基本农田保护红线的调整应与城市总体规划、永久基本农田划定成果、高标准农田建设、优质耕地连片度分析结果等相关成果相衔接，以 2017 年度土地变更调查、地理国情监测、耕地质量调查监测与评价等成果为基础，结合自然资源督察、土地资源全天候遥感监测、永久基本农田划定成果专项检查等发现的问题，对现有永久基本农田保护红线按照"总体稳定、局部微调、应保尽保、量质并重"的原则进行调整。

第一，重大项目占用补划基本农田。根据《自然资源部关于做好占用永久基本农田重大建设项目用地预审的通知》要求，涉及军事国防类项目、交通类项目（机场项目、铁路项目、公路项目）、能源项目、水利项目等重大项目选址确实难以避让基本农田的，可依照有关规定按照"数量不减、质量不降、布局稳定"的要求进行补划永久基本农田。应保障陕西省"米字型"高铁网（西安市至银川市、西安市经延安市至包头市、西安市至武汉市、西安市经安康市至重庆市、宝鸡市至兰州市、延安市至太原市等）、能源通道（蒙西区—华中区、靖边县—神木市、汉中市—巴中—南充市、榆林市—佳县等）等铁路项目，国家高速公路网（安来线平利县—镇平县、包茂线黄陵县—延安市、榆蓝线绥德县—延川县—宜川县—黄龙区—蒲城县、铜川市—合阳县、银百线旬邑县—陕甘界等）、省级高速公路（佳县—米脂县、吴起县—定边县、西乡县—镇巴县、安塞区—子长市、关中环线、韩黄高速、西咸南环线等）等公路项目，水利项目（引汉济渭工程、陕北黄河引水工程、安康月河补水工程等），能源项目（陕北百万千瓦风电基地、光伏发电厂示范基地等）等重大项目落地，涉及基本农田占用的，按照相关要求调整基本农田保护红线。

第二，拟调出基本农田建议：（1）将不符合《基本农田划定技术规程》要求的林地、草地、园地、湿地、水域及水利设施用地等地类划入永久基本农田的耕地；（2）河流湖泊最高洪水位控制线范围内不适宜稳定利用的耕地；（3）受自然灾害影响严重损毁且无法复垦的耕地；（4）因采矿造成地面塌陷无法耕种且无法复垦的耕地；（5）受严重污染且无法治理的严格控制类耕地；（6）公路铁路沿线、主干渠道、城市规划区周围建设绿色通道或绿化隔离的林带占用的永久基本农田；（7）法律规定的其他禁止划入永久基本农田保护的土地。

第三，拟补划基本农田建议：在参考划定规程和对接相关规划的基础上，根据耕地质量等别，由高到低依次划入永久基本农田，达到"划优不划劣"的目标。结合全省实际情况，仅从耕地质量角度考虑永久基本农田红线确定，难以满足基本农田的保护规模需求，对基本农田保护红线的确定可通过空间连片性要求来进行。综合考虑全省耕地空间连片性结果和耕地质量评定成果，适宜划入永久基本农田的耕地相对集中分布在关中地区的渭南市蒲城县、澄城县、大荔县、富平县，咸阳市泾阳县、兴平市、武功县、永寿县，西安市鄠邑区、长安区、蓝田县；陕北地区的榆林市绥德县、米脂县、佳县，延安市延川县；陕南地区的商洛市丹凤县、洛南县，安康市的汉滨区、汉阴县、石泉县，汉中市的西乡县、勉县、城固县等地。

9.5 高标准农田建设

9.5.1 国家、省级层面规模目标

1. 国家级目标

《全国国土规划纲要（2016～2030年）》提出到2030年全国耕地保有量不低于18.25亿亩，永久基本农田保护面积不低于15.46亿亩。

2. 陕西省目标

《陕西省农业可持续发展规划》提出到2030年建成高标准基本农田2500万亩。

9.5.2 高标准农田规模预测

2030年高标准农田预测基于《高标准基本农田建设》要求进行分析。《高标准基本农田建设标准》对高标准农田建设的基础条件要求如下：（1）符合国家法律、法规，符合国务院国土资源、农业、水利、环境保护等行政主管部门的相关规定，符合土地利用总体规划、土地整治规划等相关规划要求；（2）水资源有保障，水质应符合《农田灌溉水质标准》的

规定，土壤适合农作物生长，无潜在土壤污染和地质灾害；（3）建设区域相对集中连片且耕作距离适中，耕作条件便利，适合机械化耕作；（4）具备建设所必需的水利、交通、电力等基础设施；（5）地方政府重视程度高，农民群众积极性高。

同时规定高标准基本农田建设禁止区域包括：（1）地形坡度大于25°的区域；（2）自然保护区的核心区，退耕还林区、退耕还草区等；（3）河流、湖泊、水库水面及其保护范围。

综合以上因素，在上述连片性结果下，筛选出25°坡地以下区域作为可建设的高标准农田共有184.286万公顷符合要求。同时结合《高标准基本农田建设标准》中要求田间基础设施占地率不高于8%，综合分析满足要求的高标准基本农田共169.543万公顷。

结合国家任务趋势分析，建议到2030年高标准农田建设规模不高于166.7万公顷。

第 10 章　主要结论与政策建议

耕地是农业生产过程中最重要的投入要素。目前陕西省耕地与人口关系的总体趋势呈现出人口增加，耕地资源的绝对数量与全省人均占有量却不断减少的局面。随着工业化、城镇化进程的进一步加快，人地矛盾日益尖锐，在短时间内将难以逆转。耕地资源的短缺已成为制约区域农业生产的重要因素。因此，保护有限的耕地资源，提高现有耕地资源的生产效率，已经成为保持农业生产持续增长和保障国家以及本地区粮食安全最为有效的手段。

本书从效率与生产率的研究角度出发，全面评价了陕西省耕地资源的利用现状，深入剖析了全省耕地资源短缺的严峻形势，对国内外的相关研究进行了较为全面的梳理。在分析了效率与生产率的内涵以及相关评价方法的基础上，建立了符合本书研究对象的评价指标体系，将耕地资源投入作为内生变量，基于 1990～2015 年全国、陕西省以及省内市（区）的相关投入产出数据，选取 DEA 方法中的 BCC 模型以及 Malmquist 全要素生产率指数方法，分别从空间以及时间的角度对陕西省耕地生产效率及全要素生产率进行测算，最后运用 Tobit 回归分析模型对影响陕西省耕地生产效率变化的多种因素进行了较为全面的分析。

10.1　主要研究结论

10.1.1　陕西省耕地资源利用现状堪忧

（1）通过分析发现，陕西省耕地资源的利用状况总体上仍比较粗放，耕地的产出率较低。同时，随着工业化、城镇化进程的逐步加快与人口的持续增长，在未来的一段时间里，全省耕地资源流失的情况将进一步加剧，耕地资源的供需矛盾将日益突出，耕地资源保护的压力较大。

（2）流失的资源中绝大多数为城市边缘以及铁路、公路等交通沿线的优质耕地资源，通过耕地占补平衡获得的耕地质量较差。因此，全省耕地资源的总体质量呈现出逐步下降的态势。

（3）省内各个地区在发展战略上的差异导致了耕地资源流失的速度有所不同。目前，关中地区和陕北地区已经成为陕西省耕地资源流失较为严重的地区。

10.1.2　陕西省耕地生产效率具有较大的波动性，省内各个地区之间存在着较大的差异

通过对全国各省（自治区、直辖市）耕地生产效率的全面对比分析可以发现，虽然陕西省近年来耕地生产效率已经取得了较大幅度的提高，但基于全国层面来看，在与其他省（自治区、直辖市）进行比较时，陕西省仍是一个耕地生产效率较低、耕地投入要素利用不充分，并且耕地投入规模相对不足的省份。

与此同时，陕西省各地的耕地生产效率也存在着较大的差异，常年处于耕地技术效率有效或高效的是咸阳市、延安市、汉中市、安康市和杨凌示范区。这些相对效率较高的地区要么是传统的农业主产区或农业生产条件相对较好的地区，例如咸阳市、杨凌示范区、汉中市和安康市等；要么是受国家各项优惠政策影响较大的地区，例如延安市。通过对各地区耕地技术效率、耕地纯技术效率和耕地规模效率的对比分析可以发现，DEA 非有效地区耕地技术效率低下的主要原因是纯技术效率低下。因此，本书认为提高耕地生产效率的关键是提高耕地的纯技术效率。

10.1.3　陕西省耕地 Malmquist 全要素生产率指数无论是从总体变化角度，还是地区差异角度，在时间上均存在着较大的差别

（1）从总体上看，1990～2015 年耕地 Malmquist 全要素生产率增长整

体较快，但增长幅度从"八五"时期到"十五"时期逐期递减，"十一五"时期的前三年有所增加，全省耕地 Malmquist 全要素生产率年均增长率为 4%。

（2）从耕地 Malmquist 全要素生产率增长的结构上看，26 年中耕地 Malmquist 全要素生产率的增长主要来自于技术进步，而非技术效率。1990～2015 年多数年份的耕地 Malmquist 全要素生产率的增长在相当程度上是由技术进步引起的。

（3）从耕地 Malmquist 全要素生产率增长的差异角度来看，全要素生产率增长的地区差异较为显著，而且增长结构也不完全相同。

（4）从收敛性角度进行分析，陕西省耕地 Malmquist 全要素生产率不仅存在着 σ 收敛，同时也存在着绝对 β 收敛和条件 β 收敛，各地区之间耕地 Malmquist 全要素生产率水平随着时间的推移将趋于稳定。

10.1.4　陕西省耕地生产效率同时受到多种因素共同影响

通过对 Tobit 回归模型的结果进行分析可以发现，单位耕地面积农用机械动力、受灾面积占农作物播种面积比重以及财政支农支出占财政支出比重对陕西省耕地技术效率的负向影响较为显著，有效灌溉率、农民人均纯收入以及人均国内生产总值对陕西省耕地技术效率的正向影响较为显著。在对陕西省耕地规模效率影响因素分析的过程中，本书得到的分析结果与前面对耕地技术效率影响因素的分析结果基本一致。

10.2　提高耕地生产效率的政策建议

基于陕西省耕地生产效率的变化规律以及影响耕地生产效率的因素的不同作用程度，本书提出了五点政策建议。

10.2.1　加强耕地集约利用程度，发挥"精耕细作"生产模式的优势

通过前文对耕地生产效率影响因素的分析发现，农用机械的大量使用

在达到一定程度后，对耕地生产效率的负向影响便较为显著。这一现象与目前农业生产过程中普遍存在的仅注重引进现代化科学技术和先进生产设备，而忽略传统精耕细作的农业生产方式有很大的关系。在实现农业现代化的过程中，的确应该通过引进和学习先进的生产技术和农用机械设备这一途径来实现提高耕地生产效率的目的，但这并不代表要抛弃传统农业中的有效技术手段，而是应该将传统农业生产方式中合理的部分与现代农业生产方式进行有效结合，提高耕地的产出率。

扩大耕地面积和提高单位面积耕地的产量，是发展农业生产与增加耕地产出的主要途径。陕西省人多地少、耕地后备资源不足的实际情况不但没有改变，反而随着人口增长而变得日趋严峻。因此，依靠农户精耕细作，努力提高单位面积耕地的产量仍然是发展农业生产的正确选择。人口增长的趋势在未来一段时期仍将延续，而耕地资源却是有限的，所以耕地产出的增加必然是要通过加强耕地集约利用程度以及通过精耕细作的生产方式来实现。

因此，陕西省应该通过加强耕地的集约利用程度，推广精耕细作等传统农业的合理生产方式，促进陕西省耕地单位面积产量有效提高，进而使全省耕地生产效率取得更大幅度的提高。

10.2.2　加强农田水利建设，提高耕地有效灌溉率

通过前述对影响耕地生产效率的多种因素的分析发现，耕地的有效灌溉率对耕地生产效率的正向影响较为显著。加强农业基础设施建设是保障国家以及区域粮食安全的需要。虽然近年来我国粮食产量逐年提高，但并未从根本上改变粮食供求不平衡的格局。未来一个时期，粮食需求还将持续快速增加，保障粮食有效供给的压力仍然很大。目前，粮食增产最大的制约因素就是农业基础设施特别是农田水利设施薄弱。我国耕地的有效灌溉面积仅占耕地总面积的48.7%，大部分耕地仍旧处于靠天吃饭的状态；大约60%的耕地受到干旱、陡坡、瘠薄、盐碱等因素的影响，导致产出水平并不高。对地处我国西部地区的陕西省来说，水资源短缺、农田基础设施年久失修、缺乏相应资金投入的问题已经严重制约了陕西省农业发展以及耕地生产效率的提高，耕地的生产条件同时又制约着其他相关生产要素

效率的提高。因此，要稳步提高粮食产量以及耕地生产效率，必须从根本上解决农业基础设施问题。2011 年的中央 1 号文件以加快水利改革发展为主题，对加强农田水利建设做出了重要部署。农业基础设施特别是农田水利设施薄弱，已经成为制约我国农业稳定发展和国家粮食安全的主要因素。

根据陕西省的实际情况，应该从以下四个方面来解决农业基础设施建设过程中面临的问题。

（1）系统制定农业基础设施建设规划。农业基础设施建设应该坚持规划先行的方针，努力提高建设的科学性、系统性。陕西省应根据省内不同地区的经济发展水平、水土资源条件和农业基础设施现状，因地制宜制定建设规划。规划应该明确农业基础设施建设的目标、重点和顺序，合理安排建设内容和建设进度，有计划、有步骤地推进。同时应加强各部门间的统筹协调，统一规划重点区域建设内容，明确各自分工和职责，集中投入、整体推进，确保项目间的衔接和配套。

（2）大幅增加农业基础设施建设投入。投入不足是我国农业基础设施薄弱的根本原因，完善农业基础设施的关键是要落实建设投入。在财政投入上，财政支出重点应向农业和农村倾斜，确保用于农业和农村建设的总量、增量均有提高；预算内固定资产投资应重点用于农业农村基础设施建设，确保总量和比重进一步提高；土地出让收益应重点投向农业土地开发、农田水利和农村基础设施建设，确保定额提取、定向使用，特别是落实好土地出让收益的 10% 用于农田水利建设的政策。

（3）努力形成农业基础设施建设合力。农业基础设施建设投入规模巨大，应当在坚持各级政府主导的基础上，通过体制机制创新，充分调动社会资本以及农民群众参与建设的积极性，形成政府、社会、农民三方共同投入的合力。对社会资本，关键是要深化农业基础设施产权制度改革，明确所有权和使用权，按照"谁投资、谁所有、谁受益"的原则，吸引其参与经营性农业基础设施建设。同时，鼓励符合条件的地方政府融资平台通过直接、间接融资方式，为社会资本参与农业基础建设提供支持；对农民群众，关键是要加大"一事一议"财政奖补的力度，实行多筹多补、多干多补，激励其兴修农田水利。

（4）加快完善农业基础设施管护机制。目前农业基础设施"重建轻管"的问题十分突出，管护的主体不明、责任不清、资金不足，造成很多设备设施老化失修，难以有效发挥作用。解决这些问题，需要在明晰产权的基础上，落实管护主体和责任。对公益性农业基础设施，政府可以通过委托代理的方式加强管护，明确权责关系和考核机制，并对管护经费给予适当补助；对经营性农业基础设施，应引导其走向市场，完善法人治理结构，实现自主经营、自负盈亏、自我管护。

10.2.3　建立健全农业防灾减灾体系，促进耕地产出持续增长

通过前文对耕地生产效率影响因素的分析发现，耕地的受灾面积对耕地生产效率的负向影响较为显著。因此，陕西省应通过加快农业防灾减灾体系的建设，确立符合陕西省实际情况和农业生产特点的农业防灾减灾战略措施，有效降低自然灾害对农业生产造成的不利影响，促进耕地生产效率的有效提高。

主要采取的措施包括以下两个方面。

（1）对农业防灾减灾开展专题研究，提高科技支撑力度。陕西省具有较强的农业科研优势，但是农业防灾减灾的相关研究仍然较少，这与陕西省水旱灾害多发的实际情况不相适应。应该通过加强学科之间的联系，系统地对陕西省农业灾害发生的规律进行全面研究，通过科学的研究方法，针对省内不同地区、不同灾害类型和灾害发生的程度制定相应的防灾减灾措施。

（2）加强农业灾害预测预报系统建设。气象预报对农业生产的重要性不言而喻，陕西省各级气象部门应该以提高气象防灾减灾服务能力为核心，通过加强省内各级部门对气象防灾减灾工作的组织协调以及气象灾害监测预报体系的建设来减少灾害的影响。

10.2.4　分区域、有侧重点地制定省内耕地利用和保护策略

由于陕北地区、关中地区和陕南地区在耕地资源数量、质量、生态条件以及耕地生产效率等方面存在较大的差异，因此，应该分区域制定

具有不同侧重点的区域耕地利用和保护策略来实现提高耕地生产效率的目的。

陕北地区耕地资源减少主要受生态退耕和农业结构调整的驱动。该区域耕地利用和保护的策略主要有：（1）结合退耕还林和小流域治理，兴建水平梯田和淤地坝，以农用地综合治理为主导，狠抓农田基本建设和流域综合治理，完善农业基础设施，改造中低产田，建设生态农业，提高耕地质量和集约化利用程度；（2）积极开发荒沙荒坡宜农后备资源，增加有效耕地面积，提高耕地质量；（3）兴建水土保持林和防风固沙林，改善生态环境；（4）在农业结构调整中，通过对农村闲置土地的集中整治，达到合理利用和开发的目的；（5）盘活存量建设用地，在能源重化工基地的建设过程中注重集约节约用地，减少建设占用耕地数量。

关中地区耕地资源减少主要受农业结构调整和建设占用的驱动。该区域耕地利用和保护的策略主要有：（1）严格制定永久基本农田保护制度，切实保护高产稳产的永久基本农田，稳定农业用地面积；（2）进一步做好土地用途管制工作，通过转用许可制度，控制农业内部结构，调整大量占用耕地，禁止以建设"现代农业园区"或"设施农业"等名义变相从事房地产开发，切实稳定基本农田面积；（3）积极开展农用地整理，努力增加耕地面积，完善耕地基础设施，提高耕地质量和集约利用程度；（4）按照"布局集中、用地集约、产业集聚"的要求促使工矿企业向城镇和交通沿线集中布局，促进非农建设用地的节约集约利用；（5）严格控制城市建设用地规模，挖潜改造城市内部存量土地，完善激励约束机制，提高新增用地成本，鼓励使用存量土地，增大土地保有成本，促进土地合理流转，提高城镇用地容积率；（6）大力进行农村居民点整理及废弃土地的复垦，增加耕地数量，统筹规划农村居民点用地，提高农村建设用地效益。

陕南地区耕地资源减少主要受生态退耕驱动。该区域耕地利用和保护的策略主要有：（1）加强农田基本建设，兴建水平梯田和淤地坝，改造中低产田；（2）对农用土地进行综合整理，提高耕地质量和集约化利用程度；（3）及时复垦整治灾毁耕地；（4）结合水利建设和水资源的综合利用，在保护和改善生态环境前提下，适度开发农用地后备资源；（5）综合开发山地草场资源，发展畜牧业，提高草地利用率，减轻耕地资源压力。

同时，加大耕地后备资源开发利用量，减少建设用地对优质耕地的占用；控制建设用地新增量，盘活土地存量，通过旧城改造、废弃工矿用地复垦、空心村整理、农村宅基地管理等途径来提高土地节约和集约利用水平；加强耕地资源的质量管理，通过建立完备信息系统等措施保护耕地资源，有效提高耕地生产效率。

10.2.5　确保财政支农资金有效运行，促进耕地生产效率提高

通过前文的分析发现，财政支农力度对耕地生产效率的影响较为显著，财政支农资金使用不合理会对耕地生产效率产生负向的影响。因此，确保财政支农资金的有效运行，是促进耕地生产效率提高的关键。

在这种情况下，应该深化现有财政管理体制的改革，并且充分发挥各级地方政府支配财政支农资金的能动性。对地方小型农业项目，应该允许地方政府根据本地区实际情况灵活安排，中央和省级政府可以将财权适当下放。在深化财政资金管理制度改革的基础上，更要加强财政支农资金的监管力度，确保支农资金能够安全、高效地运行。同时，各级政府应该不遗余力地加大财政支农资金的投入力度，建立财政支农资金投入的长效机制，尽可能避免资金使用过程中的浪费现象，提高财政支农资金使用效率，促进耕地生产效率的有效提高。

10.3　耕地和永久基本农田管控规则

从分级审批到用途管制的土地管理制度创新对保护耕地资源起到了良好效果，但制度运行中依然存在着影响土地用途管制目标实现的各种问题。从土地用途管制国际经验出发，根据当前土地用途管制制度运行中存在的问题，实施差异化管制规则，是提高当前土地用途管制制度运行效果的必然要求。

国外进行土地用途管制的基础是社会公共利益。即无论土地所有权是公有还是私有，都不能在损害社会公共利益的前提下开展土地使用。陕西

省土地资源尤其是耕地资源高度稀缺，在土地利用过程中，不仅要满足当前利益，更需符合公共利益的需要。所以，差异化土地用途管制就是平衡各种土地利用方式之间的对立，求得土地利用的当前利益和社会公共利益的最大化。

在耕地保护方面，建议从定量、定性、定位、定序四个方面制定耕地与基本农田的管控规则。

10.3.1 管控总体要求

1. 定量管控

在确定规划目标时，通过对耕地与基本农田数量进行控制以达到管控效果。在土地利用总体规划中运用数量指标对各类土地供应总量进行控制，控制指标又分为约束性指标和预期性指标，其中约束性指标是指在规划期内不得突破或必须实现的指标。与耕地有关的指标均为约束性指标，主要包括耕地保有量、基本农田保护面积、新增建设用地占用耕地规模以及整理复垦开发补充耕地义务量。

2. 定性管控

定性管控是指依据土地利用的性质对土地利用行为进行管控，主要利用规划手段从土地利用的目标、方向、功能等方面进行管控。

耕地和基本农田按照积极发展现代农业、生态农业的要求，围绕粮食、蔬菜、果品等主导种植业，加快发展农产品规模效应，实行产业化、标准化生产，提高产量和质量，保障粮食生产能力，促进经济社会协调发展。基本农田一经划定，实行严格管理、永久保护，任何单位和个人不得擅自占用或改变用途，严防擅自扩大建设用地规模，滥用耕地。

3. 定位管控

定位管控是指由于土地利用规划规定了各种土地利用类型的空间位置，因此必须在固定的空间范围内开展土地利用，进而使空间土地用途的确定性得到了保证。

各市以依法批准的永久基本农田划定和土地利用总体规划调整完善成

果为依据，严格划定和保护基本农田，切实做到落地有户。将基本农田保护落实到具体地块，综合分析全省基本农田保护现状和未来发展需要，统筹考虑，划定永久基本农田保护红线。

4. 定序管控

定序管控是指土地利用规划过程中对耕地、基本农田按时间顺序进行控制。在进行土地利用活动时，要在时间上对土地利用行为进行合理安排，则必须以规划区域的土地资源现状和社会经济发展的需求为依据采取规划管控措施。前文针对耕地和基本农田的预测，通过对粮食需求、生态环境可持续发展等综合分析测算，确定到 2030 年耕地与基本农田的目标任务，有计划有目标地对耕地与基本农田进行定序管控。

10.3.2　分类管控建议

1. 通用规则建议

准许规则：本区土地主要用于种植业生产和直接为种植业生产服务的设施。

鼓励规则：鼓励区内的其他用地转为基本农田或直接为基本农田服务的用地；鼓励区内土地在保护和改善生态环境的前提下，积极进行有利于提高农业综合生产能力和提高种植业效益的生产结构调整，发展棉、油、瓜菜等经济作物；鼓励加大对基本农田的投入，提高土地生产力，改善生产条件。

限制规则：严格控制区内的基本农田转变用途，交通、水利等重点建设项目确实无法避开区内基本农田的，应按法定程序补划基本农田，办理用地审批手续，限制不适宜的农业结构调整。

禁止规则：禁止占用基本农田进行建房、建窑、建坟或挖沙、采石、取土及堆放废弃物；禁止闲置区内基本农田；禁止占用区内基本农田进行城镇、村庄、开发区、工业小区建设。

2. 差异化管制规则建议

根据功能定位，将基本农田和耕地划分成基本农田核心地块、稳定优势耕地区、城郊多功能利用耕地区、农林果复合利用耕地区、生态涵养耕地区5个类型，针对不同类型的特点，提出差异化管制规则。

（1）基本农田核心地块管制规则。

①基本农田核心地块不得进行规划调整。确保基本农田核心区地块的永久性，禁止开展任何建设；基本农田核心地块在规划编制和实施过程中不可进行调整。

②优先在集中区内划定基本农田核心地块，将已完成的高标准基本农田项目区、土地整治重大工程项目区、粮源基地和优势特色农产品生产基地优先划定为基本农田核心地块。

③鼓励实施土地综合整治，尤其是高标准基本农田建设，鼓励推广"小块并大块"、加快"两高一优"建设，促进基本农田集中连片分布，整体提升集中区内基本农田的生产生态服务功能。

④重在保持基本农田的生产功能和粮食安全功能，在有条件的情况下适当发展以规模化农业生产为主的大型现代化农业。

⑤鼓励对集中区内的基本农田核心地块进行重点建设，逐步提高高标准基本农田比例，并划定为永久基本农田核心区；鼓励将集中区内现有非农建设用地和其他零星农用地、未利用地，通过复垦或整理调整为耕地，逐步提高集中区内耕地比例。

⑥优先安排各类支农建设资金、以奖代补专项资金，开展"小块并大块""两高一优"等提高耕地综合质量的农田道路、农田水利和其他配套设施的综合整治等建设活动。

（2）稳定优势耕地区管制规则。

①将高标准基本农田建设、土地整治与新农村建设相结合，引导农民适度集中居住，推进国土综合整治。以大规模建设高标准基本农田为重点，合理安排重点区域和重大工程。

②积极鼓励推广"小块并大块"，加快"两高一优"建设。通过权属调整和地块平整归并，实现田块集中连片，降低田间基础设施占地率，提高农田基础设施的共享。

③加大推进土地整治，补充优质耕地，加强基本农田建设，全面提升耕地质量，提高粮食产能，落实藏粮于地战略。

④适当发展以规模化农业生产为主的大型现代化农业。

⑤有条件的地区可实行轮作休耕，恢复耕地地力，保障耕地可持续利用。

（3）城郊多功能利用耕地区管制规则。

①逐步减少建设占用耕地，优化城乡用地结构。坚持严格节约集约用地，逐步减少城镇化、工业化对耕地和基本农田的占用，优化城乡用地结构，走内涵挖潜的道路。

②加强城市周边和基础设施沿线耕地保护。加强城市周边、重大基础沿线优质耕地特别是基本农田的保护，充分发挥基本农田的生态服务功能，强化农田景观和绿隔功能，引导城市组团发展，优化城乡用地结构布局，高效利用土地资源。

③适度发展现代都市农业和休闲农业。有条件的区域应利用农业资源条件，促进现代都市农业和休闲农业发展，提高耕地经济社会效益。

（4）农林果复合利用耕地区管制规则。

①允许将部分优质可调整园地划定为基本农田核心地块。根据土地的适宜性，适当进行农业内部结构调整，合理安排农林果等农作物的生产，加强耕地复合利用。

②发挥区域独特的生态环境优势，打造各类农林果生产基地。有条件区域应利用农业资源条件，促进现代都市农业和休闲农业发展，提高经济和社会效益。

（5）生态涵养耕地区管制规则。

①口粮田优先划定为基本农田核心地块。陕西省集中连片贫困区与重点生态功能区有较大重叠，本着解决贫困地区口粮的要求，根据集中连片特殊困难地区耕地情况、水土平衡情况、空间分布规律等，优先将解决贫困地区口粮要求的耕地划定为基本农田核心地块。

②提升农田生态系统稳定性和生态服务功能。围绕筑牢生态安全屏障的定位和要求，加大农用地整理力度，加强农田基础设施建设和生态保护修复，提高耕地质量，改善生产条件，坚持绿色发展。尊重自然、顺应自然、保护自然，推进山水林田湖综合整治，加强农田生态建设与保护，充分发挥农田生态服务功能。

③积极开展土地整治，提升耕地质量。结合各地区的社会经济状况，分区域、分类型开展土地整治，改善土壤及耕种条件，完善农田基础设施，增强抵御自然灾害的能力，增加粮食产能。

④有计划稳步推进退耕还林和坡改梯。在保持耕地面积基本稳定的前提下，以改善区域生态服务能力和满足人民群众美好愿望为出发点，稳步推进坡耕地退耕还林，构建国土生态屏障，不能安排退耕的坡耕地应逐步实施坡改梯工程，有序推进黄土高原综合治理和治沟造地工程，提升耕地质量，提高田地生产能力。

⑤科学合理进行未利用地开发。本着"在保护中开发，在开发中保护"的原则，根据生态功能区生态脆弱、地质灾害频发的特点，科学合理地进行未利用地开发。

10.3.3 保护对策建议

1. 强化耕地质量监督保护

针对全省耕地质量不高、优等耕地流失量大等突出问题，建议从宏观上科学谋划耕地结构布局，从微观上构建覆盖面广、多层次布设的质量监测网络，为进一步使耕地布局合理化、提升耕地质量等级和实行长期保护提供保障。要坚持做到四保护：一是优质耕地资源必须应保尽保；二是集中连片的耕地资源要保护；三是配套设施完备的耕地资源要保护；四是经过中低产田改造、农业综合开发、土地整理等工程建设的农田必须纳入基本农田保护区实行永久保护，避免投资浪费。

2. 发挥农民保护耕地积极性

农民是耕地的直接使用者和第一责任人，做好耕地保护，要发挥农民群众的积极作用。一是建立耕地保护补偿机制，加大对农民的经济补贴，切实增加农民收入；二是统筹城乡收益分配，加快建立农民养老保险体系，从根本上解决农民的后顾之忧，培养农民对耕地的深厚感情；三是进一步加大农业投入，从种植、管理、产销等方面扶植农业发展，帮助农民解决生产生活中的主要问题；四是从法律、政策等方面加大维护农民权益的力度，切实改变农民的弱势群体地位。

3. 完善耕地保护机制

一是建议国家和省级人民政府成立耕地保护补偿基金，按照保护目标对保护任务重的人民政府分期分年给予补偿，或者增加后备资源丰富、耕地保护任务多的地区的高标准基本农田建设任务，提高奖补，同时增加后备资源匮乏、耕地保护任务较少地区的新增耕地开垦费，通过提高耕地占用成本的方式协调不同区域间因耕地保护任务的差异而产生的利益不平衡，通过多种途径加大耕地保护资金投入。在初期资金优先的前提下，落实对基本农田核心地块的经济补偿。

二是建议以财政转移支付的方式制定各市（区）、各区县、各乡镇之间的转移支付方案。加大稳定优势产区、基本农田集中区域、基本农田核心地块区域、耕地保护任务承担较多区域的财政转移支付力度，通过财政转移支付、政策优惠等措施进行经济补偿。从国家和省级层面，建议加大对粮食主产区的财政转移支付力度，增加对农林牧副渔生产大县的奖励补助，鼓励主销区通过多种方式到主产区投资建设粮食生产基地，承担国家粮食储备任务，完善粮食主产区利益补偿机制。

三是探索耕地资源资产负债与官员考核挂钩机制。建立耕地资源资产负债考核体系并编制耕地资源资产负债表，明确考核指标内容和核算方法，将耕地质量和耕地土壤环境地球化学综合等级等指标逐步纳入耕地保护责任目标考核中，综合客观地评价领导干部履行耕地保护责任情况，强化审计结果运用，开展耕地资源资产离任审计工作。

10.4　农业产业发展措施建议

加快农村立法进程，尽快制定全省农业节约用水和耕地保护地方性法规，逐步建立结构合理、管理科学、程序规范的农业可持续发展法律法规体系，保护农村资源环境；完善扶持政策，各级财政要继续加大对农业农村的投入力度，以县域为基本单元，加强不同渠道资金的有机整合，提高资金使用效益；运用市场机制吸引金融资本和民间资本，积极投入农田水利基础设施和生态治理建设；完善农业补贴制度，调动农民务农种粮和地方重农抓粮的积极性；支持相关基础研究和技术研发工作，强化科技支撑；围绕农业可持续发展的关键性技术问题，推行"专家领军、专业融合、联合攻关"模式，依托农业高校、科研机构开展科学研究，突出抗旱品种、灌溉节水、土肥水一体化、土壤改良和农艺栽培，吸收引进和大力推广旱作农业先进实用技术，加强工程建设与农机农艺技术的集成和应用；建立节水种植模式，开展牛羊良种扩繁、品种改良、疫病防治、生态养殖及粪污无害化处理等技术攻关，推动科技创新与成果转化；培育新型农业经营主体，构建社会化服务体系；创新利益联结机制，把农业可持续发展与农民的直接利益有机结合，形成农民自觉参与农业可持续发展的长效机制。

10.4.1 把握基本，协调土地资源与农业产业空间布局

从目前日益尖锐的人地矛盾出发，树立"人多地少、耕地资源短缺、粮食安全问题严重"的忧患意识，认清耕地资源安全的严峻形势，无论产业怎样升级转型，都不能把粮食产能调低、耕地调少，这是必须坚守的底线。在稳定粮食播种面积基础上，充分调动农民务农种粮和主产区重农抓粮积极性，加大相应配套政策扶持和投入力度，更好地为粮食规模经营主体提供支持服务。在稳定产量的条件下，充分发挥土地资源特色优势，积极转化科研成果，提升粮食产量。

正确处理经济发展和耕地资源保护的关系，尽快使农业发展从主要追求产量和依赖资源消耗的粗放经营转变到数量、质量和效益并重，注重提高竞争力和农业科技创新以及可持续的集约发展上来。健全农业科技创新的激励机制，推动农业科技在关键领域取得突破。建立健全科学的土地资源安全管理体制，完善现行的城镇建设规划和土地利用规划机制，强化规划的长期性、稳定性，在相关制度获批的有效期内，任何组织和个人都必须严格按照规划的要求从事土地建设和开发活动，建立更加严格的审批制度。创新规模经营方式，在引导土地资源适度聚集的同时，通过农民的合作与联合以及开展社会化服务等多种形式，提升农业规模化经营水平。随着政府和社会对现代产业农业的大力建设，社会主义新农村也在逐步建立起来，加强对宅基地制度的改革，探索宅基地流转机制和有偿退出机制，在保障农民权益不受损的前提下，建立新型农村社区、农村公寓，为农业产业化发展提供基础。

10.4.2　因地制宜，强化优势特色农业

在新形势下强化农业供给侧结构性改革，关键是引导农民瞄准市场需求，打好"果蔬牌"，唱好"林草戏"。充分发挥区域比较优势，更好地适应个性化、多样化的消费需求，使有限的农业资源产出更多、更好、更安全的农产品。

加强农业基础设施建设，不仅要建设好规划示范区的基础设施，还应该向全省推广，在一些条件较为落后的地区更是要加强农业基础设施建设，因为农业基础设施是推进农业发展方式转变的主要保障。积极开展农业能源节约行动，推进农业节水灌溉，有计划地开展中低产田改造，不断提高和保持耕地的生产能力。在全省适宜粮食生产的四大功能区，应区域化、规模化发展粮、油产地，鼓励城市周边大力发展具有高附加值的蔬菜、花卉和各种苗木生产，提高都市农业的生产科技水平，挖掘附加产值，提高都市农业的综合效益。

2015 年的中央一号文件提出，要加快发展草牧业，支持青贮玉米和苜蓿等饲草料种植，开展粮改饲和种养结合模式试点，促进粮食、经济作物、饲草料三元种植结构协调发展。因此在保证城乡居民对口粮消费的需求下，增加饲草种植比例，大力培育特色农业，开展园艺产品提质增效工程，推进规模化、集约化、标准化畜禽养殖，增强畜牧业竞争力。通过这一方法一方面可以调整、优化农业产业结构，增加牛、羊的饲养，另一方面可以增加农民的收入。在和市场紧密相连的前提下，可在一些适宜水果生产的旱塬、丘陵和山区地带发展区域化、特色化水果产业。随着城镇化的不断发展，农业逐渐有了新的功能，比如旅游休闲、社会功能以及生态功能等。探索土地流转的新形势，鼓励农民发展特色旅游观光农业，政府也要进行前期规划和基础设施建设，使其长久发展。

10.4.3　放眼四方，加强农产品流通软环境建设

农业现代化建设应重视农产品流通方式的转型升级和农产品质量安全。既要完善全国农产品流通骨干网络，还要重视交易制度、交易规则等

软环境建设。农业产品具有季节性、易腐性的特征，对广大农业企业、农业生产者来说，建设农业生产基地与消费基地之间的运输通道可以降低成本，提高经济效益。对陕西省来说则要加快区域内高速公路建设以及铁路通道建设，以满足全省农业产业布局对运输通道在农产品流量、流向上的需求。要大力发展专业化农产品运输装备，通过专业化、高级技术装备的使用，使运输组织创新在生产工具与方式的基础上稳步前进。加强传统的产地产场、跨区域冷链物流体系建设，同时加快建设物流中心、配送中心，依托中心城市的运输枢纽形成农产品流通的物流组织服务系统，为创新农产品流通和实现农产品流通现代化奠定坚实的基础。开展好公益性农产品批发市场建设试点，支持电商、物流、商贸、金融等行业的企业共同参与涉农电子商务平台建设。

调整产业结构和产业布局，做强现代农业，还要更加注重提升农产品质量，确保"舌尖上的安全"。严格农业投入品管理，大力推进农业标准化生产，落实重要农产品生产基地、批发市场质量安全检测费用补助政策；完善动物疫病防控政策，推进家畜家禽健康养殖，加强渔业基础设施建设；建立全程可追溯、互联共享的农产品质量和食品安全信息平台，同时加强县乡农产品质量和食品安全监管能力建设。

10.5 农村生活空间管控引导

规范农村建设用地特别是宅基地管理，对统筹城乡发展、促进节约集约用地、维护农民的合法权益、推进社会主义新农村建设、促进实施乡村振兴战略、保持农村社会稳定和经济可持续发展以及实现"两个一百年"奋斗目标意义重大。

10.5.1 坚持规划引导、管控结合的总基调

（1）科学编制村土地利用规划。要按照"望得见山、看得见水、记得住乡愁"的要求，以乡（镇）土地利用总体规划为依据，坚持最严格的耕地保护制度和节约集约用地制度，统筹布局农村生产、生活、生态空

间；统筹考虑村庄建设、产业发展、基础设施、生态保护等相关规划的用
地需求，合理安排农村经济发展、耕地保护、村庄建设、环境整治、生态
保护、文化传承、基础设施建设与社会事业发展等各项用地；落实乡
（镇）土地利用总体规划确定的基本农田保护任务，明确永久基本农田保
护面积和具体地块；加强对农村建设用地规模、布局和时序的管控，优先
保障农村公益性设施用地、宅基地，合理控制集体经营性建设用地，提升
农村土地资源节约集约利用水平；科学指导农村土地整治和高标准农田建
设，遵循"山水林田湖是一个生命共同体"的重要理念，整体推进山水林
田湖村路综合整治，发挥综合效益；强化对自然保护区、人文历史景观、
地质遗迹、水源涵养地的保护，加强生态环境的修复和治理，促进人与自
然和谐发展。

（2）村民参与规划编制。必须充分发挥村民自治组织作用，坚持村民
的主体地位，切实保障村民的知情权、参与权、表达权和监督权，让村民
真正参与到规划编制的各个环节。通过实地踏勘、入户调查、资料收集等
方式开展调查，摸清村域经济社会发展现状和土地资源利用状况，了解村
民生产生活现状、实际需求与发展愿景等，全面准确掌握村域建设发展总
体情况。规划编制过程中，要充分考虑村民意愿，合理安排各类用地规
模、布局和时序；规划成果要通过征询、论证、听证等多种途径进行公
示，充分听取村民意见建议，使村土地利用规划成为实现村民意愿的载体
和平台。

（3）强化社会主义新农村建设、统筹城乡发展和农村一二三产业融合
发展等总体部署。以村土地利用规划为依据，在控制农村建设用地总量、
不占用永久基本农田前提下，加大力度盘活存量建设用地，充分利用增减
挂钩政策，重点支持农村二、三产业发展；用好土地综合整治平台，引导
聚合各类涉地涉农资金，整体推进山水林田湖村路综合整治，让农村成为
农民幸福生活的美好家园。

10.5.2　严格标准和规范，完善宅基地管理制度

（1）严格宅基地面积标准。宅基地是指农民依法取得的用于建造住宅
及其生活附属设施的集体建设用地，"一户一宅"是指农村居民一户只能

申请一处符合规定面积标准的宅基地。要结合本地资源状况，按照节约集约用地的原则，严格确定宅基地面积标准。要充分发挥村自治组织依法管理宅基地的职能，加强对农村宅基地申请利用的监管，农民新申请的宅基地面积必须控制在规定的标准内。

（2）规范宅基地审批程序。要根据乡村土地利用总体规划和规范农民建房用地的需要，按照公开高效、便民利民的原则规范宅基地审批程序。在土地利用总体规划确定的城镇建设扩展边界内，统筹安排村民住宅建设用地。在土地利用总体规划确定的城镇建设扩展边界外，已经编制完成村土地利用规划和宅基地需求预测计划的村庄，可适当简化审批手续。使用村内原有建设用地的，由村申报、乡（镇）审核，批次报县批准后，由乡（镇）国土资源所逐一落实到户。

（3）严格执行"三到场"制度。宅基地审批应坚持实施"三到场"。接到宅基地用地申请后，乡（镇）国土资源所或县（市）国土资源管理部门要组织人员到实地审查申请人是否符合条件、拟用地是否符合标准。宅基地经依法批准后，要到实地放线测量落实新划宅基地，明确建设时间并受理农民宅基地登记申请。村民住宅建成后，要到实地检查是否按照要求使用土地，符合规定的方可办理土地登记，发放集体建设用地使用权证。

（4）加强农村宅基地确权登记发证和档案管理工作。要按照相关规定，依法加快宅基地确权登记发证，妥善处理宅基地争议。要摸清宅基地底数，掌握宅基地使用现状并登记造册，建立健全宅基地档案及管理制度，做到变更一宗，登记一宗。要积极建立农村宅基地动态管理信息系统，实现宅基地申请、审批、利用、查处信息上下连通、动态管理、公开查询。

10.5.3 探索宅基地管理的新机制，落实最严格的节约集约用地制度

（1）严控总量，盘活存量。要在保障农民住房建设用地基础上，严格控制农村居民点用地总量，统筹安排各类建设用地。农民新建住宅应优先利用村内空闲地、闲置宅基地和未利用地，凡村内有空闲宅基地未利用

的，不得批准新增建设用地。鼓励通过改造原有住宅来解决新增住房用地问题。要根据当地实际情况制定节约挖潜、盘活利用的具体政策措施。

（2）逐步引导农民居住适度集中。有条件的地方可根据土地利用规划和城乡一体化的城镇建设发展规划，结合新农村建设，本着量力而行、方便生产、改善生活的原则，因地制宜、按规划、有步骤地推进农村居民点撤并整合和小城镇、中心村建设，引导农民居住建房逐步向规划的居民点自愿、量力、有序地集中。对因撤并需新建或改扩建的小城镇和中心村，要加大用地计划资金支持。对近期规划撤并村庄且不再批准新建、改建和扩建住宅的，应向规划居民点集中。

（3）因地制宜推进"空心村"治理和旧村改造。要充分利用城乡建设用地增减挂钩政策，结合新农村建设，本着提高村庄建设用地利用效率、改善农民生产生活条件和维护农民合法权益的原则，指导有条件的地方积极稳妥地开展"空心村"治理和旧村改造，完善基础设施和公共设施。对治理改造中涉及宅基地重划的，要按照新的规划，统一宅基地面积标准；对村庄内现有各类建设用地进行调整置换的，在现状建设用地边界范围内进行；在留足村民必需的居住用地（宅基地）前提下，其他土地可依法用于发展二、三产业。

10.6　落实"农业空间"规划编制建议

10.6.1　陕西省农业空间发展总体目标

实施乡村振兴战略，按照"产业兴旺、生态宜居、乡风文明、治理有效、生活富裕"的总体要求，围绕实现农业农村现代化、农村一二三产业融合发展以及构建山清水秀美丽乡村的目标，优化农业空间布局，实施规划引导。

10.6.2　优化农业现代化空间布局

围绕小麦、水稻、马铃薯、玉米 4 大口粮，苹果、猕猴桃、葡萄、红枣、柑橘 5 类优势果品，奶山羊、肉羊、肉牛、奶牛、生猪、林下养鸡、养蜂 7 类优势特色畜牧业，强筋小麦、小杂粮、油菜、茶叶、中药材、食用菌、魔芋、花卉 8 类优势特色种植业，按照"一核、三带、四区、多板块"现代农业发展格局，以国家级和省级现代农业示范区为平台，因地制宜推动全省农业供给侧结构性改革。打造 4 大粮食功能区，以汉江流域为重点，落实水稻生产功能区 150 万亩；以关中平原、渭北旱塬为重点，落实小麦生产功能区 1200 万亩；以关中和陕北为重点，落实玉米生产功能区 1350 万亩。以优势特色农业为农业现代化突破口，重点发展陕北渭北苹果、陕北红枣肉羊、关中奶畜、渭南设施瓜菜、陕南生猪、秦巴山区茶叶等产业板块，推行农业清洁化生产，开展农业生态修复，发展休闲观光农业。实施雨养农业、高效节水农业、草食畜牧业、循环农业、生态环境保护与建设等重大工程，全面夯实陕西省农业可持续发展的基础。

10.6.3　建设山清水秀美丽乡村

推动陕西省各地编制土地利用规划，划定农村生产、生活、生态"三生"空间，细分农村建设用地分类，优化宅基地、产业用地、混合用地、基础设施用地和公共服务设施用地保障，逐步提高农村地区公共服务水平，支持农村新产业、新业态发展用地，建设一批美丽乡村示范场和各具特色的美丽宜居村庄。

参 考 文 献

[1] 保罗·A. 萨缪尔森, 威廉·D. 诺德豪斯, 等. 经济学 [M]. 第十八版. 萧琛, 译. 北京: 人民邮电出版社, 2008: 12~13.

[2] 陈丹玲, 卢新海, 匡兵. 长江中游城市群城市土地利用效率的动态演进及空间收敛 [J]. 中国人口·资源与环境, 2018, 28 (12): 106-114.

[3] 蔡昉, 都阳. 中国地区经济增长的趋同与差异——对西部开发战略的启示 [J]. 经济研究, 2000 (10): 30-37, 80.

[4] 陈伟. 我国高等院校高级管理人员绩效评价研究 [D]. 武汉: 华中科技大学, 2009.

[5] 蔡银莺, 张安录. 耕地资源流失与经济发展的关系分析 [J]. 中国人口·资源与环境, 2005 (5): 56-61.

[6] 陈秀端, 任志远. 陕西省耕地和粮食生产力变化的区域差异分析 [J]. 干旱区资源与环境, 2005 (1): 52-56.

[7] 陈江龙, 曲福田, 陈雯. 农地非农化效率的空间差异及其对土地利用政策调整的启示 [J]. 管理世界, 2004 (8): 37-42, 155.

[8] 蒂莫西·J. 科埃利, D. S. 普拉萨德·拉奥, 克里斯托弗·J. 奥唐奈, 乔治·E. 巴蒂斯, 等. 效率与生产率分析引论 [M]. 第二版. 王忠玉, 译. 北京: 中国人民大学出版社, 2005: 162-163.

[9] 陈艺琼. 农户家庭劳动力资源配置方式选择及效率评价 [D]. 重庆: 西南大学, 2017.

[10] 王思博, 李冬冬, 徐金星. 特色经济作物绿色生产效率影响因素及传导路径——以广昌县白莲绿色化种植为例 [J]. 湖南农业大学学报 (社会科学版), 2019, 20 (5): 14-23.

[11] 杜官印, 蔡运龙, 廖蓉. 中国1997~2007年包含建设用地投入

的全要素生产率分析 [J]. 中国土地科学, 2010, 24 (7): 59 - 65.

[12] 邓学平. 我国物流企业生产率研究与分析 [D]. 重庆: 重庆大学, 2008.

[13] 范丽霞. 中国乡镇企业增长与效率的实证研究 [D]. 武汉: 华中农业大学, 2008.

[14] 冯达, 黄华明, 张毅, 任锐. 湖南省城市土地利用效率 DEA 分析 [J]. 国土资源科技管理, 2007 (1): 51 - 54.

[15] 方先知. 土地利用效率测度的指标体系与方法研究 [J]. 系统工程, 2004 (12): 22 - 26.

[16] 费朗索瓦·魁奈. 经济表 [M]. 第三版. 晏智杰, 译. 北京: 华夏出版社, 2006.

[17] 傅利平, 顾雅洁. 基于数据包络分析的土地利用效率评价 [J]. 西安电子科技大学学报 (社会科学版), 2008 (3): 103 - 107.

[18] 符海月, 王昭雅. 区域产业结构调整与土地利用效率关系——基于城镇化水平视阈的考察 [J]. 中国土地科学, 2020, 34 (10): 69 - 78, 107.

[19] 宫攀, 韩振铃. 基于 DEA 模型的山东省耕地投入产出效率研究 [J]. 中国农业资源与区划, 2015, 36 (5): 123 - 131.

[20] 高明. 耕地可持续利用动力与政府激励 [M]. 北京: 经济管理出版社, 2006: 2.

[21] 高铁梅. 计量经济分析方法与建模——Eviews 应用及实例 (第二版) [M]. 北京: 清华大学出版社, 2009: 333.

[22] 谷彬. 中国服务业技术效率测算与影响因素实证研究——来自历史数据修订的史实证据 [J]. 统计研究, 2009, 26 (8): 63 - 70.

[23] 韩妍. 中国工业全要素生产率区域差异性研究 [D]. 兰州: 兰州大学, 2009.

[24] 贺雪峰. 地权的逻辑——中国农村土地制度向何处去 [M]. 北京: 中国政法大学出版社, 2010: 156 - 160.

[25] 何好俊, 彭冲. 城市产业结构与土地利用效率的时空演变及交互影响 [J]. 地理研究, 2017, 36 (7): 1271 - 1282.

[26] 靳京, 吴绍洪, 戴尔阜. 农业资源利用效率评价方法及其比较

[J]．资源科学，2005（1）：146-152．

[27] 郭亚军，张晓红．基于数据包络分析（DEA）的河北省农业生产效率综合评价 [J]．农业现代化研究，2011，32（6）：735-739．

[28] 李栋．中国商业银行效率实证研究 [D]．天津：天津大学，2008．

[29] 李焕彰，钱忠好．财政支农政策与中国农业增长：因果与结构分析 [J]．中国农村经济，2004（8）：38-43．

[30] 李世平，夏显力．近30年陕西省耕地数量动态变化分析及其展望．中国土地学会．2007年中国土地学会年会论文集 [C]．2007：8．

[31] 李双杰．效率与生产率度量方法及应用 [M]．北京：经济科学出版社，2010．

[32] 李燕凌．基于DEA-Tobit模型的财政支农效率分析——以湖南省为例 [J]．中国农村经济，2008（9）：52-62．

[33] 厉以宁．经济学的伦理问题 [M]．北京：生活·读书·新知三联书店，1999．

[34] 梁流涛，曲福田，王春华．基于DEA方法的耕地利用效率分析 [J]．长江流域资源与环境，2008（2）：242-246．

[35] 梁流涛，曲福田，诸培新，马凯．不同兼业类型农户的土地利用行为和效率分析——基于经济发达地区的实证研究 [J]．资源科学，2008（10）：1525-1532．

[36] 梁隆斌，张华．中国区域经济发展不平衡的收敛性研究——基于三次产业的视角 [J]．经济问题探索，2011（1）：38-42．

[37] 梁文艳，杜育红．基于DEA-Tobit模型的中国西部农村小学效率研究 [J]．北京大学教育评论，2009，7（4）：22-34，187-188．

[38] 林善浪．农村土地规模经营的效率评价 [J]．当代经济研究，2000（2）：37-43．

[39] 林毅夫，刘培林．中国的经济发展战略与地区收入差距 [J]．经济研究，2003（3）：19-25，89．

[40] 廖柳文，高晓路，龙花楼，汤礼莎，陈坤秋，马恩朴．基于农户利用效率的平原和山区耕地利用形态比较 [J]．地理学报，2021，76（2）：471-486．

[41] 刘凤芹. 农业土地规模经营的条件与效果研究: 以东北农村为例 [J]. 管理世界, 2006 (9): 71 – 79, 171 – 172.

[42] 刘新卫. 农业资源利用效率研究综述 [J]. 国土资源情报, 2007 (1): 40 – 45.

[43] 刘新卫. 中国农业结构调整中的耕地保护 [J]. 国土资源情报, 2007 (11): 44 – 49.

[44] 龙开胜, 陈利根, 占小林. 不同利用类型土地投入产出效率的比较分析——以江苏省耕地和工业用地为例 [J]. 中国人口·资源与环境, 2008 (5): 174 – 178.

[45] 罗必良. 农地经营规模的效率决定 [J]. 中国农村观察, 2000 (5): 18 – 24, 80.

[46] 罗罡辉, 吴次芳. 城市用地效益的比较研究 [J]. 经济地理, 2003 (3): 367 – 370, 392.

[47] 方鸿. 中国农业生产技术效率研究: 基于省级层面的测度、发现与解释 [J]. 农业技术经济, 2010 (1): 34 – 41.

[48] 刘涛, 曲福田, 金晶, 石晓平. 土地细碎化、土地流转对农户土地利用效率的影响 [J]. 资源科学, 2008 (10): 1511 – 1516.

[49] 刘勇. 江苏省土地利用程度与区域生态效率关系研究 [J]. 中国土地科学, 2010, 24 (4): 19 – 24.

[50] 刘新平, 孟梅, 罗桥顺. 基于数据包络分析的新疆农用地利用效益评价 [J]. 干旱区资源与环境, 2008 (1): 40 – 43.

[51] 刘子飞, 王昌海. 有机农业生产效率的三阶段 DEA 分析——以陕西洋县为例 [J]. 中国人口·资源与环境, 2015, 25 (7): 105 – 112.

[52] 顾冬冬, 关付新. 耕地流转、土地调整与小麦种植技术效率分析——基于随机前沿生产函数和 Tobit 模型的实证 [J]. 农业现代化研究, 2020, 41 (6): 988 – 998.

[53] 卢新海, 陈丹玲, 匡兵. 产业一体化与城市土地利用效率的时空耦合效应——以长江中游城市群为例 [J]. 中国土地科学, 2018, 32 (9): 66 – 73.

[54] 廖柳文, 高晓路, 龙花楼, 汤礼莎, 陈坤秋, 马恩朴. 基于农户利用效率的平原和山区耕地利用形态比较 [J]. 地理学报, 2021, 76

（2）：471 – 486.

［55］刘依杭. 不同规模农户农业生产效率差异及影响因素研究——基于 DEA-Tobit 模型的实证分析 ［J］. 生态经济，2021，37（5）：113 – 118.

［56］刘蒙罢，张安录，文高辉. 长江中下游粮食主产区耕地利用生态效率时空格局与演变趋势 ［J］. 中国土地科学，2021，35（2）：50 – 60.

［57］马晓龙. 中国主要城市旅游效率及其全要素生产率评价：1995 – 2005 ［D］. 广州：中山大学，2008.

［58］马雁军. 基于非参数回归技术的 DEA 两分步法优化与政府绩效评价 ［J］. 中国管理科学，2008（2）：157 – 164.

［59］马占新. 数据包络分析方法的研究进展 ［J］. 系统工程与电子技术，2002（3）：42 – 46.

［60］纽曼，米尔盖特，伊特韦尔等. 新帕尔格雷夫经济学辞典（第三卷）［M］. 陈岱明等，译. 北京：经济科学出版社，1996：868.

［61］马林静. 农村劳动力资源变迁对粮食生产技术效率的影响研究 ［D］. 武汉：华中农业大学，2015.

［62］庞英，张绍江，陈志刚. 山东省耕地利用效益的时空差异 ［J］. 经济地理，2006（6）：1037 – 1041，1046.

［63］彭国华. 我国地区经济的长期收敛性——一个新方法的应用 ［J］. 管理世界，2006（9）：53 – 58.

［64］邱阳，杨俊，廖冰. 全要素生产率测定方法综述 ［J］. 重庆大学学报（自然科学版），2002（11）：38 – 41.

［65］曲建君. 全要素生产率研究综述 ［J］. 经济师，2007（1）：76 – 77.

［66］屈小博. 不同经营规模农户市场行为研究 ［D］. 杨凌示范区：西北农林科技大学，2008.

［67］任桂镇，赵先贵，巢世军，董林林，赵毓梅. 陕西省耕地压力时空变化规律分析及预测 ［J］. 农业系统科学与综合研究，2008（2）：139 – 142，147.

［68］任治君. 中国农业规模经营的制约 ［J］. 经济研究，1995（6）：

54 – 58.

[69] 沈坤荣, 马俊. 中国经济增长的"俱乐部收敛"特征及其成因研究 [J]. 经济研究, 2002 (1): 33 – 39, 94 – 95.

[70] 史晓蓉. 农业生产技术效率影响因素分析 [J]. 农业科技与信息, 2016 (20): 11.

[71] 沈雪, 张俊飚, 张露, 等. 基于农户经营规模的水稻生产技术效率测度及影响因素分析——来自湖北省的调查数据 [J]. 农业现代化研究, 2017, 38 (6): 995 – 1001.

[72] 宋洋, Yeung Godfrey, 朱道林, 徐阳, 赵江萌. 京津冀城市群县域城市土地利用效率时空格局及驱动因素 [J]. 中国土地科学, 2021, 35 (3): 69 – 78.

[73] 谭政勋. 中国银行业效率结构与制度研究 [D]. 广州: 暨南大学, 2008.

[74] 唐玲, 杨正林. 能源效率与工业经济转型——基于中国 1998 ~ 2007 年行业数据的实证分析 [J]. 数量经济技术经济研究, 2009, 26 (10): 34 – 48.

[75] 田伟. 湖南省主要农产品生产效率及比较优势的研究 [D]. 长沙: 湖南农业大学, 2009.

[76] 涂俊, 吴贵生. 基于 DEA-Tobit 两步法的区域农业创新系统评价及分析 [J]. 数量经济技术经济研究, 2006 (4): 136 – 145.

[77] 万广华, 程恩江. 规模经济、土地细碎化与我国的粮食生产 [J]. 中国农村观察, 1996 (3): 31 – 36, 64.

[78] 王胜. 分税制以来中国地方财政支农绩效评价: 基于分级支出视角 [J]. 中国管理科学, 2010, 18 (1): 26 – 32.

[79] 王晓东. 中国高科技上市公司经营效率及其影响因素研究 [D]. 广州: 暨南大学, 2009.

[80] 王筱明, 闫弘文. 城市土地利用效率的 DEA 评价 [J]. 山东农业大学学报 (自然科学版), 2005 (4): 573 – 576.

[81] 王学渊. 基于前沿面理论的农业水资源生产配置效率研究 [D]. 杭州: 浙江大学, 2008.

[82] 王雨濛. 耕地利用的外部性分析与效益补偿 [J]. 农业经济问

题, 2007 (3): 52 - 57.

[83] 王云秀, 秦伟广. 全要素生产率研究现状综述 [J]. 时代经贸, 2008 (S1): 110 - 111.

[84] 魏楚. 中国能源效率问题研究 [D]. 杭州: 浙江大学, 2009.

[85] 魏楚, 沈满洪. 能源效率与能源生产率: 基于 DEA 方法的省际数据比较 [J]. 数量经济技术经济研究, 2007 (9): 110 - 121.

[86] 魏后凯. 中国地区经济增长及其收敛性 [J]. 中国工业经济, 1997 (3): 31 - 37.

[87] 吴海民. 中国工业经济运行效率研究: 1980 - 2006 [D]. 成都: 西南财经大学, 2008.

[88] 武永祥. 基于价值理论的住区开发和谐整合及效率提升研究 [D]. 上海: 同济大学, 2007.

[89] 王云, 周忠学. 多功能性的都市农业用地效率评价——以西安市为例 [J]. 经济地理, 2014, 34 (7): 129 - 134.

[90] 王兵, 杨华, 朱宁. 中国各省份农业效率和全要素生产率增长——基于 SBM 方向性距离函数的实证分析 [J]. 南方经济, 2011 (10): 12 - 26.

[91] 王博, 杨秀云, 张耀宇, 王誉霖. 地方政府土地出让互动干预对工业用地利用效率的影响——基于 262 个城市的空间计量模型检验 [J]. 中国土地科学, 2019, 33 (12): 55 - 63.

[92] 王云, 霍学喜. 基于 Bootstrap-DEA 方法的苹果种植户生产效率及其影响因素分析 [J]. 统计与信息论坛, 2014, 29 (9): 106 - 112.

[93] 夏绍模. 中国钢铁产业的效率与生产率研究 [D]. 重庆: 重庆大学, 2009.

[94] 谢高地, 章予舒, 齐文虎. 农业资源高效利用评价模型与决策支持 [M]. 北京: 科学出版社, 2002: 1 - 7.

[95] 熊正德, 刘永辉. 效率测度方法 DEA 的研究进展与述评 [J]. 统计与决策, 2007 (20): 149 - 151.

[96] 徐琼. 基于技术效率的区域经济竞争力提升研究 [D]. 杭州: 浙江大学, 2006.

[97] 许召元, 李善同. 近年来中国地区差距的变化趋势 [J]. 经济

研究，2006（7）：106－116.

[98] 向敬伟，李江风. 贫困山区耕地利用转型对农业经济增长质量的影响 [J]. 中国人口·资源与环境，2018，28（1）：71－81.

[99] 亚当·斯密. 国富论 [M]. 唐日松，杨兆宇，译. 北京：华夏出版社，2013：430.

[100] 杨朔，李世平. 关中地区城市化过程中土地利用问题研究 [J]. 中国土地科学，2009，23（7）：79－81.

[101] 杨文举. 技术效率、技术进步、资本深化与经济增长：基于 DEA 的经验分析 [J]. 世界经济，2006（5）：73－83，96.

[102] 杨文举. 适宜技术理论与中国地区经济差距：基于 IDEA 的经验分析 [J]. 经济评论，2008（3）：28－33.

[103] 杨文举. 基于 DEA 的绿色经济增长核算：以中国地区工业为例 [J]. 数量经济技术经济研究，2011（1）：19－34.

[104] 杨兴龙. 基于效率视角的吉林省玉米加工业竞争力研究 [D]. 南京：南京农业大学，2008.

[105] 杨兴龙，丛之华，滕奎秀. 吉林省玉米加工业技术效率及影响因素分析 [J]. 农业技术经济，2010（6）：111－119.

[106] 杨友孝. 中国农村的持续发展区域评价与对策研究 [M]. 北京：中国财政经济出版社，2002：1－8.

[107] 于斌斌，苏宜梅. 产业结构调整对土地利用效率的影响及溢出效应研究——基于 PSDM 模型和 PTR 模型的实证分析 [J]. 中国土地科学，2020，34（11）：57－66.

[108] 闫淑霞，刘慧敏，孟凡琳，陈振，李炳军. 基于灰色 DEA 模型的河南省18市农业生产效率研究 [J]. 河南农业大学学报，2015，49（6）：866－870.

[109] 叶涛，史培军. 从深圳经济特区透视中国土地政策改革对土地利用效率与经济效益的影响 [J]. 自然资源学报，2007，22（3）：434－444.

[110] 张超正，杨钢桥. 农地细碎化、耕地质量对水稻生产效率的影响 [J]. 华中农业大学学报（社会科学版），2020（2）：127－134，168－169.

［111］张坤杉. 台湾银行业效率分析［D］. 苏州：苏州大学，2008.

［112］张天中，刘春芳，张春红，夏显力. 甘肃省耕地数量动态变化分析及对策研究［J］. 西北师范大学学报（自然科学版），2010，46（4）：96－100.

［113］张忠明. 农户粮地经营规模效率研究——以吉林省玉米生产为例［M］. 杭州：浙江大学出版社，2008：83－88.

［114］张忠明，钱文荣. 农户土地经营规模与粮食生产效率关系实证研究［J］. 中国土地科学，2010，24（8）：52－58.

［115］赵石磊. 中国商业银行 X 效率实证研究［D］. 长春：吉林大学，2008.

［116］周晓林，吴次芳，刘婷婷. 基于 DEA 的区域农地生产效率差异研究［J］. 中国土地科学，2009，23（3）：60－65.

［117］朱巧娴，梅昀，陈银蓉，韩啸. 基于碳排放测算的湖北省土地利用结构效率的 DEA 模型分析与空间分异研究［J］. 经济地理，2015，35（12）：176－184.

［118］钟成林，胡雪萍. 农村土地发展权、空间溢出与城市土地利用效率——基于空间误差模型的实证研究［J］. 中国经济问题，2016，（6）：24－36.

［119］Aigner D J, Chu S F. On estimating the industry production function［J］. American Economic Review, 1968, 58, 826－839.

［120］Aigner D J, Lovell C, Schmidt P. Formulation and estimation of stochastic frontier production function models［J］. Journal of Econometrics, 1977, 6 (1): 21－37.

［121］Balk B M, Barbero J et al. A toolbox for calculating and decomposing Total Factor Productivity indices［J］. Computers & Operations Research, 2020, 115.

［122］Battese G E, Coelli T J. Frontier production functions, technical efficiency and panel data: with application to paddy farmers in India［J］. The Journal of Productivity Analysis, 1992, 3 (1－2): 153－169.

［123］Barro R J & X. Sala-I-Martin. Economic Growth［M］. New York: McGraw-Hill, 1995.

[124] Baumo J W. Productivity growth, convergence and welfare: What the long-run data show [J]. American Economic Review, 1986, 76: 1072 – 1085.

[125] Bravo-Ureta B E, Pinheiro A E. Efficiency analysis of developing country agriculture: a review of the frontier function literature [J]. Agricultural and Resource Economics Review, 1993, 22 (1): 88 – 101.

[126] Balkbm. A novel decomposition of aggregate total factor productivity change [J]. Journal of Productivity Analysis, 2020, 53: 95 – 105.

[127] Caves D W, Christensen L R, Diewert W E. The economic theory of index numbers of the measurement of input, output and productivity [J]. Econometrica, 1982, 50: 6, November.

[128] Charnes A, Cooper W W, Rhodes E. Measuring the efficiency of decision making units [J]. European Journal of Operational Research, 1978, 2 (6): 429 – 444.

[129] Charnes A, Cooper W W, Wei Q L. A semi-infinite multi-criteria programming approach to data envelopment analysis with infinitely many decision making units [D]. The University of Texas at Austin, Center for Cybernetic Studies Report, CCS 551, September.

[130] Charnes A, Cooper W W, Wei Q L et al. Cone ratio data envelopment analysis and multi-objective programming [J]. International Journal Science, 1989, 20 (7): 1099 – 1118.

[131] Chen P, Yu M, Chang C, Hsu S. Total factor productivity growth in China's agricultural sector [J]. China Economic Review, 2008, 19: 580 – 593.

[132] Coelli T J. A multi-stage methodology for the solution of orientated DEA models [J]. Operations Research Letters, 1998, 23 (3): 143 – 149.

[133] Coelli T, Rao D S P and Battese G E. An Introduction To Efficiency And Productivity Analysis [M]. Boston/Dordrench/London: Kluwer Academic Publishers, 1998.

[134] Coelli T J, Rahman S, Thirtle C. Technical, allocative, cost and scale efficiency in bangladesh rice cultivation: A non-Parametric approach [J].

Journal of Agricultural Economics, 2002, 53, 607 – 626.

[135] Cook W D, Seiford. L M Data envelopment analysis (DEA) -Thirty years on [J]. European Journal of Operational Research, 2009, 192: 1 – 17.

[136] Cook W D, Tone K et al. Data envelopment analysis: Prior to choosing a model [J]. Omega-International Journal of Management Science, 2014, 44: 1 – 4.

[137] Cooper W W, Kingyens A T et al. Two-stage financial risk tolerance assessment using data envelopment analysis [J]. European Journal of Operational Research, 2014, 233: 273 – 280.

[138] Du J, Chen C M, Chen Y et al. Additive super-efficiency in integer-valued data envelopment analysis [J]. European Journal of Operational Research, 2012, 218: 186 – 192.

[139] Farrel M J. The measurement of productive efficiency [J]. Journal of the Royal Statistical Society, 1957, Series A, CXX, Part3: 253 – 290.

[140] Färe R, Grosskopf S. A nonparametric cost approach to scale efficiency [J]. Scandinavian Journal of Economics, 1985, 87 (4): 594 – 604.

[141] Färe R and Grosskopf S. Malmquist productivity indexes and fisher ideal indexes [J]. The Economic Journal, 1992, 102 (410): 158 – 160.

[142] Forsund F R, Lovell C A K, Schmidt P. A survey of frontier production functions and of the irrelationship to efficiency measurement [J]. Journal of Econometrics, 1980, 13 (1): 5 – 25.

[143] Fukuyama H, Maeda Y et al. Input-output substitutability and strongly monotonic p-norm least distance DEA measures [J]. European Journal of Operational Research, 2014, 237: 997 – 1007.

[144] Kirjavainen T & Loikkanen H A. Efficiency differences of Finnish senior secondary schools: an application of DEA and Tobit analysis [J]. Economics of Education Review, 1998, 17 (4) : 377 – 394.

[145] Leibenstein H. Allocative efficiency VS "x ~ efficiency" [J]. American Economic Review, 1966, 56: 392 – 415.

[146] Lewin A Y, Morey R C & Cook T J. Evaluating the administrative efficiency of courts [J]. Omega, 1982, 1 (10): 401 – 411.

［147］Lilienfeld A, Asmild M. Estimation of excess water use in irrigated agriculture: A Data Envelopment Analysis approach ［J］. Agricultural Water Management, 2007, 94: 73 – 82.

［148］Mankiw N, Romer D & Weil D. A contribution to the empirics of economic growth ［J］. Quarterly Journal of Economics, 1992, 107 (2): 407 – 438.

［149］Rodiguez J A, Camacho P E, Lopez L R. Application of data envelopment analysis to studies of irrigation efficiency in andalusia ［J］. Journal of Irrigation and Drainage Engineering, 2004, 130 (3): 175 – 183.

［150］Seiford L M, Thrall R M. Recent development in DEA: The mathematical programming approach to frontier analysis ［J］. Journal of Econometrics, 1990, 46 (1, 2): 7 – 38.

［151］Watcharasriroj B & Tang J C S. The effects of size and information technology on hospital efficiency ［J］. Journal of High Technology Management Research, 2004, 15 (1): 1 – 16.

［152］Wu Shunxiang, David Walker, Stephen Devadoss, Yao-Chi Lu. Productivity growth and its components in Chinese agriculture after reforms ［J］. American Journal of Agricultural Economics, 1998, 80 (5): 1188.